纸品包装结构创意与设计

张小艺

第二版　著

化学工业出版社

·北京·

内容简介

本书立足于现代纸品包装结构设计发展的需求，将系统理论与设计实践结合，既涵盖了纸品包装设计的专业理论，又从实际的角度出发，提供了近300款纸品包装示范作品。本书以设计形式、功能兼具的纸品包装为目的，细致地引导和说明了这些作品创意的思路，分析了每个作品的结构特点，指出了制作的关键步骤，并对适用产品的范围、包装尺寸、使用材料的规格都提出了合理建议。

本书可供包装设计专业人员参考，也可作为高等院校视觉传达设计专业的教学用书，对手工爱好者也是一本非常实用的自学用书。

图书在版编目（CIP）数据

纸品包装结构创意与设计 / 张小艺著. -- 2版. --

北京 ：化学工业出版社，2025.2. -- ISBN 978-7-122
-47118-5

Ⅰ．TB484.1

中国国家版本馆 CIP 数据核字第 2025BQ1327 号

责任编辑：徐　娟　　　　文字编辑：冯国庆　　　　装帧设计：张小艺

责任校对：宋　夏　　　　　　　　　　　　　　　封面设计：张小艺

出版发行：化学工业出版社（北京市东城区青年湖南街13号　邮政编码100011）

印　　装：北京宝隆世纪印刷有限公司

710mm×1000mm　1/16　印张16¹/₂　字数330千字　2025年2月北京第2版第1次印刷

购书咨询：010- 64518888　　售后服务：010- 64518899

网　　址：http：//www.cip.com.cn

凡购买本书，如有缺损质量问题，本社销售中心负责调换。

定　　价：98.00元

第二版前言

　　现代纸品包装在包装产业中拥有举足轻重的地位，所承担的包装领域在不断扩大，纸制材料与其他材质相比具有成本低、适合批量生产、结构丰富、绿色环保等优点，在生产、存储、运输、宣传、销售、使用、回收处理等各个环节上都具备卓越的品质。目前，中国已经成为世界上最大的纸制品包装生产和消费国家。纸制品包装在中国的应用范围非常广泛，几乎涉及各个行业。从食品、饮料、日用品、电子产品、医药、化妆品到家具、建材，纸制品包装在各个行业中都扮演着重要角色。根据统计数据显示，2023年中国纸制品包装行业营业收入超过2600亿元，行业利润总额108亿元，同比增长35.7%，占全球总产值的1/3以上。这一发展不仅推动了相关产业链的发展，如造纸、印刷、包装材料等行业，也为中国的经济增长注入了强大的动力。

　　随着电商、物流等行业的快速发展，对于纸品包装的需求也在不断增加，也对纸品包装的质量、性能等提出了更高的要求。简单平庸的包装设计已无法满足消费者的需求，人们期待拥有的是新奇、有趣、智慧、便捷的设计产品。在纸品包装的造型结构设计中，也需要针对性地转变思路，对设计思路进行拓展、延伸，开拓更广阔的思维空间。在这个过程中，既需要设计方法，也需要设计技巧，不应片面追求浮夸、繁复的形式，要通过不断的研究和尝试，去繁就简，才能设计出受人追捧的包装造型。本书旨在全面剖析纸品包装的结构设计、材料特性以及可持续发展的设计方法，让读者深入了解纸品包装的独特魅力和广泛应用价值，推动纸包装行业的创新与发展，为读者提供清晰、明确且可无限延展的设计思路。编写过程中，力求做到内容翔实、图文并茂、通俗易懂。希望读者在阅读本书时能够感受到纸品包装的无限魅力和广阔前景，并在实践中不断探索和创新纸品包装的设计与应用。

本书第一版自2019年6月出版以来多次重印,上市第三年销量仍在同类型书籍中名列前茅。本次再版增补了许多实用、便利、创新性的纸盒结构。第一版中一些需要大量粘贴的结构被删减,这更符合当今可持续发展、绿色环保的主流思想。书中包括了近300款纸品包装作品,书稿制作过程漫长且艰辛,从绘制平面图、手工制作、拍摄作品、整理图片、文字撰写、版式设计,直到最终完成,整个过程都是由笔者独立完成的。书中图文仅作教学用途,未经授权请勿擅自使用。再版时甄选了少量基本款作品,重点增加了异形纸品包装作品。这些纸品的包装样式有的简洁明了,有的复杂奇异,但基本遵循着一纸成型、少粘贴、控制成本、便利易用等原则。本书所承载的内容已超越了单纯教学使用的范畴,强调的是一种思路的延伸和创意的拓展训练。希望本书能启发读者的灵感与创意,并在此基础上创作出更加优秀的作品。

　　为了使初学者也可以轻松看懂纸品包装作品的平面图,书中只使用了三种最常见的线形来表示,即剪切线(————)、山线(— — — —)、谷线(— · — · —),山线的折痕向上凸出,谷线的折痕向内凹陷。

　　本书的撰写漫长且艰辛,感恩所有的陪伴与关爱。书中若有疏漏之处,敬请各位读者谅解、指正。

张小艺

2024年10月

目　录

第一章　纸品包装设计概述

"包装"的英文是"packaging"，而"捆包"的英文是"packing"。"packaging"一词最早是19世纪后半叶在开始探讨"销售学"的美国出现的。"packaging"与"packing"都是"pack"的派生词，"pack"意指"装满""填塞"，根本没有"包"的意思。另外，在填充间隙所使用的"packing"又含有"填料"的意思。人们在运输某种物品，把物品装入运输容器时，为了使物品不致在运输过程中发生晃动，要在运输容器中用"填料"把空隙塞满，这大概就是"packing"与捆包相关联的起源。"捆包"只是单纯地包扎物品；而所谓"包装"是为了保护商品，使之能经受运输和保管的考验，并进一步提高包装商品价值的一种商品化技术手段。也就是说，具备保护物品并把物品赋予可销售的属性才是"包装"。

第一节　纸品包装设计的发展历程

一、包装的起源

包装的起源可以追溯到几万年前，原始人用贝壳、葫芦瓢喝水，用芦苇叶、芭蕉叶、竹筒包裹存储食物，用野兽皮搬运物品，大大地方便了人们的生活，使之成为人们生活中不可缺少的一部分。原始意义上的包装，其功能主要包含两个内容：保护及容纳物品。

随着时代的变革和历史的演进，包装材料不断创新，包装也不断被赋予新的内容。

造纸术和印刷术的发明，是中华民族对世界文明的重大贡献，也是古代包装史上的巨大进步。

西汉武帝时代古墓中出土的"灞桥纸"，原料主要是大麻，掺有少量苎麻，是世界上最早的以植物纤维为原料的纸。灞桥纸是造纸术初期阶段的产物，工艺简陋，纸质粗厚；表面皱涩，甚至有未打碎的麻绳头；纤维帚化程度低、组织松散；交结不紧，分布不匀，不便于写字，只能作包裹之用。东汉时，蔡伦总结西汉以来造纸经验，改进造纸工艺，形成了一套较为合理的加工流程。即利用树皮、碎布（麻布）、麻头、渔网等原料，将其捣碎、煮熬、过滤，将残渣铺开晒干而制成优质纸张。这个流程于元兴元年（公元105年）奏报朝廷，得到了汉和帝的称赞，造纸术也因此得到推广，世人称为"蔡侯纸"。东汉末年，佐伯总结了蔡伦的造纸技艺，将造纸工艺进一步提升，造出的纸更加光亮整洁，提升了使用价值，被称为"左伯纸"（亦称"子邑纸"）。南朝竟陵王萧子良称赞"子邑之纸，研妙辉光"，史学家蔡邕则评论"每每作书，非左伯纸不妄下笔"。从左伯纸开始，造出的纸真正具备了书写功能，让文字有了新的载体，使人们从在竹简和缣帛上书写的不便中解脱出来。但由于那时纸张的价格很高，所以纸只在特定领域作为包装材料使用。《汉书·孝成赵皇后传》中有纸包装中药的记载"箧中有裹药二枚、赫蹄书"。到南北朝时期，造纸工艺进一步完善，选用的原材料又扩展到桑皮、藤皮，这样纸张的制造成本大幅下降，在各个领域得到了广泛的使用。在商业活动中，纸被作为食品、药品、纺织品、化妆品、染料、火药、盐等物品的包装材料而运用，纸也逐步替代了以往工艺复杂、成本昂贵的绢、锦、陶瓷、金属等材料，成为使用频率最高的包装材料。这一时期，包装的主要功能是储存、保护产品和方便搬运。

据《新唐书》记载，唐代时已开始用厚纸板制作纸杯、纸器，并用纸包装柑橘从四川运到唐都长安。唐代陆羽的《茶经》也有以纸囊包装茶叶的记载。在新疆唐墓出土的文物中，有药丸一枚，外包白麻纸一层，写有"萎蕤丸"字样。宋代有"卖五色法豆，使五色纸袋儿盛之"的记载，说明当时已能生产各种颜色的包装纸。

印刷术的发明和进步，大大拓展了包装的销售功能。早在隋文帝开皇十三年（公元593年）前后，就出现了世界上最早的雕版印刷物佛经和佛像。北宋庆历年间（公元1041~1048年），毕昇发明了活字印刷术。后人又把毕昇的胶泥活字改进为木刻活字和金属活字。宋代（公元960~1279年）雕版印刷技术达到高峰，这时期出版印刷了大量典籍。印刷术也被运用到包装纸的设计中，在包装纸上印上商号、宣传语和吉祥图案已相当普遍。我国现存最早的印刷包装纸资料是北宋时期山东济南制造钢针的刘家针铺的包装纸。北宋时期济南制造钢针的刘家针铺设计、制作了一枚广告印刷铜版（图1-1-1）。这枚广告印刷铜版以白兔为商品标志，长18.4cm，宽13.2cm，既有文字，又有图形，近于正方形。正中为白兔抱铁杵捣药的插图，相当于今天的商标；上部文字为"济南刘家功夫针铺"；左右两边印有"认门前白兔儿为记"，"济南刘家功夫针铺"的广告印刷铜版提醒人们认准白兔品牌，下部文字为"收买上等钢条，造功夫细针，不误宅院使用，客转兴贩，别有加饶，请记白"。既强调了按时交货、质量不凡，又清楚地告知客户订货优惠更多，而且还有白兔作为防伪标记，图文并茂，印刷精美，文字简洁概括。正文仅用28个字，就把产品质量、服务对象、经营方式及促销手段等内容交代得清清楚楚，已然具备了现代包装的促销功能。"济南刘家功夫针铺"的广告印刷铜版是迄今为止我国发现最早的商标、印刷包装纸和印刷广告（图1-1-2）。

图1-1-1 "济南刘家功夫针铺"印刷铜版

图1-1-2 "济南刘家功夫针铺"印刷广告

二、国外纸质包装的发展历史

纸的制造和使用渐渐随着丝绸之路的商贸活动向中国西北方的国家和地区传播开去。公元793年在波斯的巴格达建成了一座造纸厂。造纸术从这里传到了阿拉伯诸国，先传到了大马士革，然后是埃及和摩洛哥，最后到了西班牙的爱克塞洛维亚。

公元1150年，摩尔人建起了欧洲第一座造纸厂。后来1189年在法国的何朗特，1260年在意大利的伐布雷阿诺，1389年在德国先后建立了造纸厂。此后，英格兰有一个名叫约翰·泰特（John Tate）的商人于1498年在国王亨利二世在位时开始造纸。到了19世纪，以碎布和植物为原料的纸基本上被以植物浆为原料的纸所替代。

纸的制作成本低，能大量而快速地生产，这点对书籍的印刷很重要。第一本印刷书是1457年德国出版的《古腾堡圣经》，此书用来纪念约翰内斯·古腾堡（Johannes

Gutenberg）。这位来自梅锡（Mainz）的金饰匠发明了第一个活用铅字印刷板。印刷书的出现加快了职业文学家的创作。

随着时间的推移，生活水准的提升，人们对商品的需求不断增加，社会商品的交易面不断扩大，市场范围从一村一县扩展至全国乃至全世界。尤其是18世纪工业革命以来，生产技术的发展一日千里，大量生产、消费的经济模式由此产生，产品成本大幅度下降，形成广大的消费市场。包装成为生产者和消费者之间的桥梁，大量的流通包装随之产生。19世纪早期，美国、英国、法国等国家开始研发硬纸盒生产技术，直到1850年前后，美国有人发明了折叠式的纸盒和生产技术。1856年，英国人爱德华·西利（Edward Healey）和爱德华·埃伦（Edward Ellen）申请并获得瓦楞纸板制造技术的专利，瓦楞纸板技术正式诞生。但当时的瓦楞纸板技术只是用来作为礼帽的内衬，便于透出汗气，而非作为包装材料使用。1871年，美国的阿尔贝特·L.乔治率先使用无面纸的坑形纸板，用来作为缓冲材料，取代草和锯末，这时瓦楞纸板才真正开始作为包装材料。1870年左右，最原始的坑机被制造出来。与此同时，随着市场需求的扩大和机械制造技术的显著进步，在1874年，美国的奥利佛·伦格开发出贴上面纸的瓦楞纸板，开始用于瓶子、坛子的包装。1880年前后，人们又陆续设计出糨糊机等相关的设备。1890年，美国发明了第一台瓦楞纸板制造机；1894年，美国首度将瓦楞纸板制成瓦楞纸箱，并在运输包装上应用，为运输包装的革新做出了贡献。1895年以后，首台单面机诞生。由于纸板制造技术的进步以及市场需求的迅速扩大，美国的纸箱逐渐取代木箱成为最主要的包装容器。然而，直至19世纪末，产品包装的意义仍集中在"保护商品"这一主题上。

1909年，日本纸板产业创始人井上贞治郎（联合公司创始人）经历千辛万苦，成功地实现了坑机的国产化。他将纺棉机改造成坑机并成功生产出日本第一块纸板。随后，他又在东京的北品川北马场成立了三盛舍（之后改称三成社，为联合公司的前身），这是国产化的开始，可视为日本纸板行业的起源。最初的产品均为"坑纸"和"见坑纸"，并没有成箱设备，制箱工艺采用刀片加尺子的手工操作。但随着市场的需求增加，后来从德国引进了成箱设备，并将纸箱作为取代木箱的容器，积极地推向市场。

第一次世界大战（1914~1918年）后，纸品包装产业在世界范围内开始飞速发展。一系列包装新材料得以发明，零售自助超市出现，再加上20世纪30年代世界性经济萧条，企业欲立足市场，必须重视买方市场的意愿，于是使用保护与促销双重功能的包装势在必行。

第二次世界大战（1939~1945年）后，欧美发达资本主义国家逐渐意识到节约资源和环境保护的重要性，大力推动纸品包装的发展，更进一步刺激了市场对纸质材料的需求。1942年，出现了第一个自我服务商店。自我服务商店即现在的超级市场，具有销售方式快捷、方便、节省人力，使消费者能自由自在地购物，不受售货员的冷遇和不感到拘束等优点，到1950年发展到500多个。从1950年往后的十年，是从柜台服务销售方式到自我服务销售方式过渡的十年，也是西方资本主义国家经济复苏、不断发展的十年。这一时期纸质材料使用范围更加扩大，酒类、调味品、奶制品、水果、家电、药品、纺织品等多种类型的产品包装开始使用纸质材料。随着经济发展，20世纪60年代以后发达资本主义国家开始进入高消费的年代，自我销售商店发展成为大型自我服务商店，商场面积一般都在1000㎡以上，称为超级市场。欧美消费市场的变化，使消费形态逐渐由卖方市场转向买方市场，供大于求的现象使商品竞争更趋激烈，而商品的包装则成为这场竞争的利器，形成了新的售卖形式和包装形态。随着纸品制造技术的飞跃发展，纸品包装的使用范围日渐扩展，工艺品、农产品、水产品各领域都开始使用纸品包装作为销售包装，运输包装也由木箱包装向纸箱包装转型。

三、纸质包装材料的生产现状

纸作为包装材料，在使用数量上不断扩大的同时，客户开始有多种多样的需求，纸张也由单一的普通形，开始出现耐水的、美观的、可装重物的多样化包装材料。行业内各厂家为了满足多种多样的客户需求，在开发新产品、新领域方面倾注了很大精力，经过长期不断的努力，纸箱成功代替木箱、席笼、麻袋等成为最重要的运输包装容器。经过几十年的迅速发展，纸箱已成为许多国家经济发展的重要支柱，纸箱的产量更是到了令人难以置信的地步。根据博闻锐思（RISI）公司统计，我国纸与纸板的产量从2009年起超越美国跃居世界首位。2013年世界纸与纸板产量首次超过4亿吨，创造4.036亿吨的新纪录，比上年增长0.7%。2013年我国纸与纸板的产量为1.01亿吨，占世界总产量的25.1%，同年我国纸与纸板消费量为9780万吨，占世界总量的24.2%，居世界首位。亚洲纸与纸板消费量在各大洲中最多。从2000年起，已连续24年超过1亿吨。目前，我国已经成为世界上最大的纸制品包装生产和消费国家。2023年，纸制品包装行业营业收入超过2600亿元，行业利润总额108亿元，同比增长35.7%，占全球总产值的1/3以上。2024年预计全球包装市场规模会达到1.14万亿美元，这为纸品包装行业的发展提供了广阔的空间。随着全球经济的逐渐复苏和消费市场的不断扩大，对各类产品的包装需求持续增加，推动了纸品包装行业的市场规模增长。

在今天的国际市场中，纸质材料已成为包装产业构成中不可缺少的要素。

第二节 历史上经典的纸品包装

能脱颖而出成为历史上经典纸品包装的代表，必定具有卓尔不凡的特质。只有经过创新构想、提炼设计、立体造型等方面不断的探索、研究，才能成就令人难以忘怀的视觉形象。下面介绍几个经典的纸品包装案例。

一、瑞士三角巧克力（Toblerone）

"Toblerone"这个词在1908年被全世界所知晓，一年后，瑞士三角巧克力为自己的三角形包装申请了专利（图1-2-1）。

图1-2-1 瑞士三角巧克力

三角巧克力是瑞士人西奥多·托布勒（Theodor Tobler）和埃米尔·鲍曼（Emil Baumann）一起创造的。埃米尔·鲍曼在一次旅行中偶然吃到了杏仁糖，于是他和表兄西奥多·托布勒尝试用自己的方式制造这种糖果。在巧克力制作完成后，包装纸盒也呼应产品的形状设计成三棱柱造型，新颖独特的产品造型和包装设计使其成为全球市场最成功的巧克力产品。直到今天，瑞士三角巧克力在全世界110多个国家均可见到它特有的模样。人们普遍认为，这种形状的设计灵感来源于瑞士阿尔卑斯山著名的马特洪峰（Matterhorn）。因为拥有成功的造型及图案设计，1个世纪以来其形状和视觉效果未经很大改变，只是将新口味的系列产品的包装底色略加调整，以示分别。在英国所做的调查显示，94%的消费者单凭形状即可认出Toblerone产品，可见成功的造型设计对消费者形成了非凡的影响力。

二、OXO肉汁

19世纪中叶，德国的拜伦·贾斯塔斯·冯·李比希（Baron Justus von Liebig）发现了提取肉汁的方法。但他使用的方法成本高，而获得的肉汁量很少，于是他刊登了一则广告，希望能得到大量生产肉汁的方法。一位名叫乔治·吉贝尔特（George Gilbert）的比利时工程师回复了广告，并和拜伦一起大批量生产肉汁，这种肉汁很受欢迎。1865年，拜伦建立了自己的肉汁公司。

1899年，拜伦将肉汁取名"OXO"，从此成为英国家庭中熟知的产品。20世纪初其产品开始以单独的立方体包装出售。手工制作的纸盒印着熟悉的红白图案（图1-2-2）。第

图1-2-2 OXO 肉汁

一次世界大战期间，几乎所有的立方体产品都被运往军队，在1914~1918年间，共消耗超过1亿盒产品。如今，英国一半以上的家庭食用OXO肉汁，每天销售约200万盒。100多年来，OXO肉汁醒目的图案和简洁的包装几乎未曾改变，OXO肉汁包装是包装设计史上非常成功的设计之一，它的生命力经久不衰。

三、纸制蛋盒

自从20世纪30年代"纸制鸡蛋包装盒"这一概念出现以来，它的设计几乎没有改变，在市场上的地位也从未动摇。尽管20世纪中期面对塑料带来的巨大压力，纸浆蛋盒还是抵挡住了所有的竞争对手。与再生纸不同，纸浆不像纸张那样需要高质量的漂白，然而它展示的却是极富质感的光洁和有机的外表，从而成功地占领市场。针对塑料包装在生产、回收、处理过程中，在健康卫生和环境保护方面存在的问题，纸浆提供了一系列节省能源而且环保的包装概念，设计师们对其进行了完全开发。蛋盒的成功在于其材料独特的质感和与鸡蛋形状有机结合的造型，亲和的视觉效果使其成为包装设计史中的经典案例（图1-2-3）。

图1-2-3　纸制蛋盒

四、液体饮料密封纸盒

第二次世界大战开始时，美国士兵的饮料都是用金属罐包装的。由于这种包装在使用后无法销毁，因此成为德军搜索美军行踪的线索之一。于是，美军决定改用一种使用后易销毁且不留痕迹的新容器。此时，在美国国内由EX-Ceuo公司研究成功、国际造纸公司纸箱厂制造销售的液体饮料密封纸盒已进入市场，成为部分牛奶的包装容器。因此，便直接将其改作液体饮料的包装容器。但在当时，由于聚乙烯树脂工业落后，密封厚纸盒使用的涂蜡纸板密闭性不好，相继产生漏液现象，因此在消费者中的声誉不高。其后陷入困境的密封厚纸盒行业，随着聚乙烯复合工艺的进步，解决了漏液问题，于是奠定了液体饮料密封纸盒包装（图1-2-4）的王牌地位。

图1-2-4　液体饮料密封纸盒

现在市面上使用率最高的密封纸盒主要有两种：利乐包装和康美包装，形状有屋顶形、枕形、砖形等。

利乐包装由纸板、聚乙烯和铝箔三种物质六层复合结构组成，能有效地把饮料与空气、光线和细菌隔绝。它不含防腐剂，可以在常温下存放，而且保质期较长。用利乐枕形包装的牛奶保质期可以达到45天，利乐砖形包装则可以达到6~9个月。砖形和枕形的利乐包装与其他材质容器相比容积率相对较大，包装形状更易于装箱、运输和存储。利乐包装目前在我国的饮料包装市场的占有率达到95%。

利乐公司创始人鲁宾·劳辛博士认为："包装带来的节约应超过其自身成本。"利乐公司一直遵循节约成本的原则，利乐包装在食品的生产、运输和销售过程中，为生产厂家节约成本，同时也给消费者带来安全和便利。值得一提的是，利乐公司在产品研发过程中同样重视节约。在保持包装性能不变的前提下，经过长期的努力，利乐包装中纸板的使用量已经减少了40%，铝箔的厚度也已经减少了30%；另外，所有利乐包装都可以回收再利用，做成文具、桌椅、建筑材料等，使它们在完成包装的功能后，能够继续发挥作用，做到物尽其用。

市场上还有一种康美包装也是无菌包装，使用率没有利乐包装高，成本比利乐包装低，质量上存在差距。其特点是：轻便、结实、精巧，纸盒可以预成型，印刷精良。

五、三角四面体纸盒

三角四面体纸盒（图1-2-5）最早源于瑞典在1952年生产的奶酪包装，后来用于牛奶的包装后被广泛使用。纸盒材料经过研发

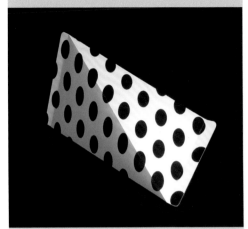

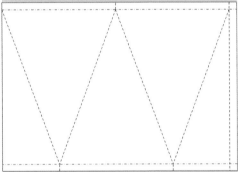

图1-2-5 三角四面体纸盒

逐步替换成了具有密封性和无菌化效果的合成材料，经过灭菌处理后的牛奶保质期大大延长。

三角四面体纸盒是所有纸盒造型中纸张利用率最高的一款，目前在这一点上没有第二款能与之相提并论，它已经把材料的利用率发挥到了极致，最大限度地节省了包装原料。三角四面体纸盒棱角分明，造型简洁而独特，有充分的平面设计空间，四个面可随意放置，无论哪一个面在最下面都可以使包装处于最稳定的状态。这些特点使它成为包装设计史中的经典之作。

第二章 纸品包装材料的分类和规格

第一节 纸品包装材料的分类

纸品包装材料丰富多样，根据对包装制造和使用环节上的不同认知，存在很多不同层次的分类方法。以被包装的内容物的性质区分，分为百货类、水果蔬菜类、工业产品类等；以货物体积大小、集中分散的输送方法区分，分为货柜、箱体、散装、航运、海运、车运等；以包装形态分类，分为纸杯、纸盒、纸袋、纸箱等；以生产方式分类，分为手工、机械；以产品内容物形态分类，分为液体、气体、固体、粉末等。

目前对纸品包装最常用的分类方法有两种，一种是以包装材料区分，另一种是以包装生产目的区分。

一、以包装材料区分

根据包装材料的不同通常分为包装原纸和包装加工纸制成的包装两大类（表2-1-1）。其中包装原纸分为包装纸和包装纸板，包装加工纸按加工方法可分为复合加工纸、浸渍加工纸、成型加工纸、变性加工纸、机械压型纸、涂布加工纸等。纸与纸板的区别通常以每平方米的克重或每平方米的厚度来划分。一般来说每平方米的克重在200g以下或厚度在0.1mm以下的称为纸，每平方米的克重在200g以上或厚度在0.1mm以上的称为纸板。但有些纸张如白卡纸、卡片纸、绘图纸等，虽然它每平方米的克重在200g以上，但仍按习惯称为纸。

表2-1-1　纸品包装的分类（以材料分类）

纸品包装（以材料分类）	包装原纸	包装纸	纸袋纸、牛皮纸、鸡皮纸、邮封纸、火柴纸
		包装纸板	白纸板、黄纸板、茶纸板、箱纸板、青灰纸板
	包装加工纸	复合加工纸	塑料复合纸、蜡复合纸、织物复合纸、铝箔复合纸
		浸渍加工纸	油毡纸、食品包装用蜡纸、机械零件包装用中性纸
		成型加工纸	商品包装的纸筒、纸杯
		变性加工纸	植物羊皮纸、玻璃纸、钢纸
		机械压型纸	皮纹纸、花纹纸、浮雕纸
		涂布加工纸	铜版纸、烙光涂布纸、胶版印刷涂布纸、铸涂纸

二、以包装生产目的区分

以包装生产目的来区分也是常见的分类方法，据此可把纸品包装分为工业纸品包装与商业纸品包装两大类（表2-1-2）。

工业纸品包装和商业纸品包装的比率约是7∶3，商业纸品包装属于稳步增长的行业，而工业纸品包装则明显受到经济形势的影响。

近些年，由于许多传统包装材料很难自然降解，造成严重的环境污染，因此一些国家研制开发了许多健康环保的新型包装纸，其应用对象主要是办公、生活用品和食品。

1. 应用在办公和生活用品的新型包装纸

应用在办公和生活用品的新型包装纸主要有以下三种。

（1）无酸防水档案纸。用无酸防水档案纸制作的档案袋可以有效保护文件不被外部的水浸湿、浸透，解决了传统纸质包装遇水后易吸水、皱裂、变形的问题，既可以像传统档案袋一样遮光、密封保护隐私，又可以像塑料袋一样防水、隔潮，可谓两全其美。

表2-1-2　纸品包装的分类（以包装生产目的分类）

| 纸品包装（以生产目的的分类） | 工业纸品包装 | 工业纸品包装即瓦楞纸箱，亦称运输包装或外包装，以运输、储存及保护商品为主要目的，研究涉及的范围包括物理、数学、机械工程、化学工程及包装工程学等。有时在一些批发零售市场也会将工业纸品包装直接摆放在店里或货摊前。近些年由于对广告宣传越发重视，工业纸品包装的设计也越来越受到厂商的重视 |
| | 商业纸品包装 | 商业纸品包装即通常说的销售包装、内包装或个包装，以促进销售和便于使用、携带为主要目的。通常以零售交易对象为主，用新颖、美妙的外观满足消费者，激起购买欲望。其研究涉及的范围包括视觉传达、营销学、心理学及人类行为学等 |

（2）聚丙烯合成纸。聚丙烯合成纸是以聚丙烯为原料制成的纸张，质地光滑且紧实，纸张有韧性，不易破裂，防潮且不易褪色。纸的质量轻于普通纸张，不易沾染污物，印刷易于上色。

（3）自黏包装纸。据报道，日本味之素株式会社在21世纪初期推出一种无毒、坚韧并具有保温保湿性能的自黏式一次性包装纸，外层是牛皮纸，内层是特殊的发泡材料，具有弹性和极好的抗腐性，可保护包装物品表面不受磨损。由于这种包装纸本身具有黏性，因此包装时不需要辅助材料捆扎。另外，这种包装纸一旦拆封即会自动失去黏性，能以此判断是否先前被开启过，因此具有保护隐私、防止被人拆封的作用。

2. 应用在食品包装上的包装纸

应用在食品包装上的包装纸主要有以下六种。

（1）防水类脱水包装纸。防水类脱水包装纸亦称PS包装纸，表面材料选择只能透过水的半透膜，内侧选择高渗透压物质和高分子吸水剂。这种包装纸可以保护食品组织细胞的完整，同时能抑制霉的活性，防止蛋白质分解，减少微生物繁殖，保持食品的鲜美度。

（2）吸水机能纸。吸水机能纸有强吸水性，可拥有材料自重10倍的吸水量，且安全、无毒。吸水机能纸除了可以在原材料纤维间的细孔中保持水分外，其纤维本身也能吸水。吸水机能纸吸水之后会变得非常柔软。由于以上特性，吸水机能纸可用作吸收

生鲜食品水汽的薄膜，以及化妆品和卫生用品的薄膜。

（3）热能纸。据报道，为了解决食物加热不便的问题，美国在21世纪初期研制出一种可以将太阳能转换为热能的纸，使用这种热能纸包装食品后，把它放在有阳光照射的地方，热能纸可以将太阳能的热能收集转化为热量，并将热量补充到包装纸里面的食品中，从而使食物保持一定的热度，以便人们随时吃到温热可口的食物，为消费者提供了很大的便利。

（4）热封性包装纸。热封性包装纸具有热封性和通气性，它耐油、耐水、安全无害。用这种具有通气性的包装纸包装的食品，可用微波炉直接加热，包装内不会胀袋，也不会产生蒸汽，可以保持食品表面的清爽。

（5）防腐纸。现在许多公司推出防腐纸、防霉纸、保鲜纸。究其根本，这些纸都含有抑菌、杀菌药剂，使用这种纸包装食品，食物可以长期保持新鲜、不霉变，即便在38℃高温下存放3周也不会变质。

（6）PLMEX食品专用包装纸。PLMEX食品专用包装纸由100%纯纸浆制成，不含荧光剂和危害人体的化学物质，有防水、防油、抗黏、耐高温（250℃以下）的特点。使用方便、清洗简单、安全卫生，使用后用清水洗净，可重复使用50次。PLMEX食品专用包装纸不管是用于蒸制还是烘烤、微波加热，都不会变形和褪色。

第二节　纸品包装材料的规格

　　包装常用纸张按尺寸分为正度纸张和大度纸张，不同开数对应的具体尺寸可参照表2-2-1。

　　包装常用纸张的克重与厚度可参照表2-2-2。

表2-2-1　包装常用纸张规格尺寸

正度纸张		大度纸张	
开数	尺寸/mm	开数	尺寸/mm
正度纸张	787×1092	大度纸张	850×1168
全开	781×1086	全开	844×1162
2开	530×760	2开	581×844
3开	362×781	3开	387×844
4开	390×543	4开	422×581
6开	362×390	6开	387×422
8开	271×390	8开	290×422
16开	195×271	16开	211×290
32开	135×195	32开	145×211

注：成品尺寸＝纸张尺寸－修边尺寸。

表2-2-2　包装常用纸张克重与厚度对照

原纸名称	每平方米质量/g	厚度/mm	原纸名称	每平方米质量/g	厚度/mm
铜版纸	80	0.075	双胶纸	100	0.12
铜版纸	105	0.09	双胶纸	120	0.14
铜版纸	128	0.11	白卡	190	0.25
铜版纸	157	0.14	白卡	210	0.275
铜版卡	200	0.17	白卡	230	0.3
铜版卡	230	0.2	白卡	250	0.325
铜版卡	250	0.21	白卡	300	0.4

续表

原纸名称	每平方米质量/g	厚度/mm	原纸名称	每平方米质量/g	厚度/mm
铜板卡	300	0.29	白卡	350	0.475
铜板卡	350	0.37	白卡	400	0.535
轻涂纸	58	0.045	白底白板	200	0.24
轻涂纸	64	0.055	白底白板	210	0.25
轻涂纸	70	0.06	白底白板	230	0.27
轻涂纸	80	0.07	白底白板	250	0.3
哑粉纸	80	0.08	白底白板	300	0.35
哑粉纸	90	0.09	白底白板	350	0.41
哑粉纸	105	0.10	白底白板	450	0.53
哑粉纸	115	0.11	灰底白板	250	0.3
哑粉纸	128	0.12	灰底白板	300	0.35
哑粉纸	157	0.16	灰底白板	350	0.43
哑粉纸	180	0.18	灰底白板	400	0.52
哑粉纸	200	0.22	灰底白板	450	0.656
哑粉纸	230	0.24	单铜纸	80	0.08
哑粉纸	250	0.26	单铜纸	170	0.23
哑粉纸	300	0.29	单铜纸	190	0.26
双铜纸	80	0.06	单铜纸	210	0.28
双铜纸	90	0.07	单铜纸	230	0.32
双铜纸	100	0.08	单铜纸	250	0.35
双铜纸	105	0.09	单铜纸	300	0.42
双铜纸	120	0.10	单铜纸	350	0.49
双铜纸	128	0.12	单铜纸	400	0.56
双铜纸	150	0.13	灰底白	250	0.31
双铜纸	157	0.14	灰底白	300	0.42
双铜纸	180	0.16	灰底白	350	0.48
双铜纸	200	0.18	灰底白	400	0.50
双铜纸	210	0.22	灰底白	450	0.56
双铜纸	230	0.23	双面白	250	0.32

续表

原纸名称	每平方米质量/g	厚度/mm	原纸名称	每平方米质量/g	厚度/mm
双铜纸	250	0.25	轻涂纸	48	0.04
双铜纸	300	0.32	轻涂纸	58	0.05
双铜纸	350	0.36	轻涂纸	64	0.06
双铜纸	400	0.43	轻涂纸	80	0.07
双胶纸	60	0.08	雅光纸	65	0.06
双胶纸	70	0.09	雅光纸	80	0.08
双胶纸	80	0.11	雅光纸	90	0.09
双胶纸	100	0.12	优光纸	60	0.05
双胶纸	120	0.15	优光纸	70	0.06
双胶纸	140	0.16	优光纸	80	0.08
双胶纸	160	0.18	优光纸	90	0.08
双胶纸	180	0.22	优光纸	100	0.09
双胶纸	200	0.24	牛皮纸	60	0.10
双胶纸	230	0.28	牛皮纸	80	0.12
双胶纸	250	0.29	牛皮纸	120	0.14
双胶纸	300	0.35	牛皮纸	150	0.18
双面白	300	0.38	牛皮纸	180	0.21
双面白	350	0.45	牛皮纸	230	0.27
双面白	400	0.51	牛皮纸	300	0.40
双面白	450	0.60	牛皮纸	350	0.44
双面白	500	0.67	牛皮纸	450	0.56

包装印刷纸尺寸大小的计算方法如下。

长度=（成品长+成品宽）×2+出血位+啤位+粘贴位（打钉位）

宽度=成品高+成品宽+成品宽÷2+下底插位+上盖扣位+出血位+啤位

这样就可以算出印刷包装盒展开用纸长度和宽度，然后在尺寸小的一边加上10cm做咬口，如长度为635mm，宽度为400mm，那么印刷包装盒的用纸尺寸为：635mm×410mm。

第三章　纸品包装的功能和特点

第一节　纸品包装的功能

纸品包装的功能与一般包装的功能相同，如容纳性、携带性、分配性、保护性、视觉传达性、展示性、馈赠性、促销性、经济性、复用性、后处理性、动机性等。随着市场的发展、需求和对包装研究的深入，包装的功能也越来越多。

包装的功能可以简单理解为两个方面：其一是让产品安全完好无损地运送到消费者手中；其二是传达产品的内容及性质，促进销售。对于包装功能化的分析同样也可以从这两个方面着手，因此，所有的包装功能都是遵循这些属性而产生的。

一、保护功能

产品从生产商到消费者手中，经历装卸、储存、配销等多个环节，可能受到各种外来的破坏，例如因气候变化而引起的潮湿、高低温差，或交通工具在运输途中所引起的冲击、振动等，为了抵御这些外力的破坏，使内容品免受损害，防止品质降低，必须加以适当的包装。这是包装在运输过程中的主要功能之一，即保护功能。

二、适运功能

在产品的运输过程中，包装要能配合人力和机械运作，减小储存空间压力，促进货物的流通，使包装尺寸规范化，容纳产品时内部空间分配合理，有利于人力及机械运作的结构等，这是包装的又一个主要功能，即适运功能。

另外，保护功能与适运功能的改造与实现仍要兼顾经济原则，要考虑包装如何能减轻运输途中的压力，节省空间以更多地储存物品，方便搬运以减少人力与机械的花费，缩短装卸的时间，提高保护的质量，减少损耗等。经济原则不仅是包装本身的成本降低，更着重于整个操作过程的有效性。因此，经济性是指成本的合理化。

三、信息传达功能

为了使产品畅销，人们会不断尝试各种办法，在销售包装上也会增加不同的功能。每种进入市场的包装产品都等待着消费者的挑选，最原始的条件是必须让消费者知道，被包装的产品是什么，否则无从选择。这可以通过符号、商标、品牌、规格、说明及文字保证等各种信息的展示来协助。因此，包装的信息传达性成为基本功能之一。在竞争激烈的货架前，五花八门的包装令人目不暇接，如何使信息传达更有效是视觉传达功能的重要课题之一。以展示性为例，包装让商品更外露、更直接地与消费者见面，减少猜测程度，扩大介绍面积，可以使消费者更直观、快速地了解商品的属性。

四、美观功能

美观性是人性所趋，俗话说"爱美之心人皆有之"，面对同样品质的商品、同样的销售价格，大多数人自然会优先购买拥有美观包装的商品，一些家庭主妇在选购商品时会被商品包装所吸引，而购买原本不需要的商品。由此可见，纸品包装的美观性对购买决策起着重要的引导作用。美观性是紧紧与产品联系在一起的，一流的产品一定有一流的包装，美不美是人们挑选产品的条件之一；同样，魅力性、馈赠性等都是在向消费者揭示某一种产品的信息，它在某种程度上是对产品质量的保证、信誉的确认与提高，

同时有魅力的个性化的包装设计，往往能揭示消费者某种自信与独立的人格，引起购买欲望。

五、便利功能

方便使用是促销的又一利器，每一种方便使用的包装的产生，都会引发销售的增加，如易拉罐开启结构的革命、便于提拎的便携式把手、复合材料的饮料包装、袋泡茶每杯一袋的定量分配等，都从许多方面提高了产品的使用质量，令消费者感到包装对生活改善与提高的作用。方便使用的包装对产品的促销是非常实际的，使用简便的包装更容易赢得消费者的好感与认同。便利的造型结构具备自然的亲和力，能够增加消费者对产品的好感，无形中提升了产品的认知度。

此外，还应重视包装的社会化问题。包装被弃之后的处理问题是十分值得关注的，应禁止不便回收的包装材料进入市场，避免包装成为社会公害。包装作为一种"文化的表征"，对社会文化及意识的适应力、感召力在不断增加，它所传达的信息也应是美丽的、健康的、利于社会的。

总之，包装的功能不是一成不变的，如便携性就是适应性的一种延续，分配性在运输包装及销售包装中都存在，许多功能都会在不同范围内同时产生，只是侧重点不同而已。设计师必须以敏捷的思维方式适应日益变化的商品市场。

第二节　纸品包装的特点

纸质材料与其他材料相比具有成本低、生产工艺简单、造型变化多样、绿色环保等优点，纸品包装所具备的优势在生产、存储、运输、宣传、销售、使用、回收处理等各个环节上都有所体现。

一、纸质材料成本低

近几年国内纸张的价格出现了多次上涨，瓦楞纸、箱板纸和白板纸的上涨幅度都比较大，其中瓦楞纸涨幅曾高达80%。即便如此，纸质材料的成本与金属、塑料、玻璃、陶瓷、天然纤维等包装材料相比，仍具有明显的价格优势。由于纸品包装可大批量生产，自动化程度高，因此其生产效率远远高于其他材料的包装容器。

二、纸品包装生产工艺简单

纸品包装既可以大规模机械化生产，也可以小规模机械化生产，甚至可以在小作坊里进行非机械化生产。借助刀、尺、剪、钉等简易工具即可折叠、固定成型，通过人工方式便可自主完成，这种简便的成型工艺是其他包装材料无法实现的。纸品包装的生产工艺简单、加工效率高、品质稳定，纸品包装产业已处于成熟期。

三、纸品包装轻便易运输

纸品包装的质量轻，物理性能好，运输时有些纸品包装还可以折叠成平板形态，既节省空间又减轻负重，这些特点明显优于其他包装材料制成的容器。

四、纸品包装造型具有可塑性

纸品包装具有很好的可塑性，可以结合商品的不同形态，设计各式各样适用的箱型、盒型、袋型，甚至要求完全密封、卫生、无毒的液体容器都可以轻松实现，因此服务的产品范围很大。

五、纸品包装具有安全性

从食品安全角度来说，以往食品包装大量应用塑料，近年来复合纸成为食品包装及特殊产品包装的首选材料。人们普遍认为塑料包装食品容易产生有害物质，食用后对身体有害，尤其对老人和儿童的影响会更大，即便国家出台了食用级塑料的相关标准，但由于消费者的诸多顾虑，所以很多厂商开始逐渐淘汰用塑料包装食品。其中，意大利从1991年开始完全禁止使用塑料袋包装食品。复合纸能使包装的产品完全密闭、隔离外界的污染，保鲜、避光、防渗漏、延长保质期，运输时避震，结构牢固，有很强的保护功能等，因而这种趋势和特点给复合纸的使用带来飞速发展的契机。

从运输安全角度来说，作为运输包装的纸箱有良好的缓冲性，能够保护内装物不受外部冲击，并可防止内装物丢失，还具有很好的密封性，又方便运输，因此有助于将商品安全地送达目的地。

六、纸品包装印刷效果优越

对于纸质材料的表面，即便使用常规的印刷设备也可以很好地吸收油墨与涂料，文字、图案和色彩都可以清晰呈现，印刷效果和附着力都很好，不像金属、玻璃、陶瓷等包装材料，需要特殊的设备和工艺才能完成印刷（图3-2-1）。

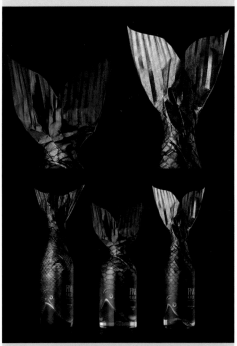

图3-2-1 金银彩色纸质瓶贴

纸质材料的伸缩性小，不受热和光的影响，具有更好的稳定性，因此表面印刷的图形文字也可以呈现各种质感。

七、纸品包装绿色环保

从环保角度来看，金属、玻璃、塑料等包装材料极难自然降解，占用空间。人们对消费品的需求日益增长，无疑加大了对包装的需求量，一些发展中国家的废物处理基础设施尚不完善，环保观念也未深入人心，一次性塑料包装泛滥，造成了严重的环境污染。一些发达国家已部分限制一些包装材料的使用。纸品包装是以具有分解性的天然材料制成的，即便被丢弃也很容易分解到土壤中，因此纸质材料较其他材料而言在资源的有效利用方面具有明显的优势。生产一个木箱的资源可以生产出同体积的13个纸箱，纸品包装可以更合理有效地利用资源，使用后还可以回收作为资源生成原纸，并再次做成纸品包装使用。现在全世界纸品包装的回收率超过90%，纸品行业具有极高的再生率，是最大限度实现资源有效利用的行业。

总之，目前纸品包装在技术进步、新品种开发、新原料的使用、产品质量提高等方面都取得了显著成绩，在未来发展过程中应该注意把设计、生产、运输、销售、使用各环节有机地结合起来，发扬纸质材料的优势，进一步巩固其在包装产业的主体地位。

第四章　纸品包装的制作工艺

纸品包装从设计到制作完成，需要经过一系列有序的工艺流程，按工艺的先后顺序分为印前工艺、印刷工艺和印后工艺。其中印前工艺包括设计、输出菲林、打样、制版四个环节，印后工艺包括表面处理、模切模压、立体成型三个环节。

第一节　纸品包装的印前工艺

一、设计

开始进行纸盒结构设计之前，有以下几个问题需要注意。

1. 粘贴翼的位置

粘贴翼的位置非常重要，以摇盖盒为例，纸盒的粘贴翼要回避盒盖插口处的两条棱。首先，粘贴缝位于盒体正面不美观；其次，盖子的插口如果有粘贴翼的妨碍会无法严密闭合，留有缝隙。

2. 插舌和防尘翼的结构

以摇盖盒为例，盒盖的插口边沿要直线、弧度相结合，直线要垂直于转折线，这样可以与盒体内部产生摩擦力。如果把插舌的形状设计成梯形，插舌和盒体就有接触点，无法形成摩擦力，盒盖很容易松动翘起。此外，防尘翼与插舌相接的一侧也要有垂直于折线的直线结构，辅以插舌折线两侧的小切口，更增强了盒盖开启的阻力，这些

细节虽小，但每一样都不能忽视。

3. 结构特点

以纸盒底部结构设计为例：纸盒底部的闭合结构有很多形式，每种形式具备各自的功能特点。

插别锁合底（图4-1-1）无须粘贴，开启后可以恢复原状；自动锁合底（图4-1-2）需要粘贴，开启后无法恢复原状，但较

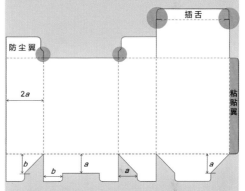

图4-1-1　插别锁合底纸盒平面图
a，*b*为示意部分线段的长度

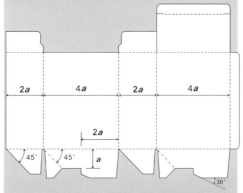

图4-1-2　自动锁合底纸盒平面图
a—底盒宽度的一半

插别锁合底更加结实耐用，在盛装有一定重量的物体时更牢固安全。应明确产品需要具备哪些实用功能与特质，选择符合要求的结构进行设计改造。

进行平面设计时需要选择符合商品特质的包装图形和色彩，设计稿的文字内容需准确有序，无多余内容，图形和线条需完整。文件输出印刷时图片会转换为网点，也就是精度（dpi），印刷用图片的精度通常最小要达到每英寸（1in=25.4mm）300dpi，所以设计师使用的图片精度不能以屏幕显示效果为准，一定要确认图片的真正精度后再进行下一步的设计。

二、输出菲林

纸品包装采用的柯式印刷都是四色套印，就是将图片分成C、M、Y、K（青、品、黄、黑）四色网点菲林，再晒成PS版，经过胶印机四次印刷，出来后就是彩色的印刷品。所以，印刷用的图形文件不同于平常计算机显示用的图片，必须将图片转换为CMYK模式，而非其他色彩模式。

三、打样

开始印刷工作之前，为了提高印刷质量和生产效率，需要在打样机上进行少量试印，检查印刷文件是否准确无误，套版线、色标及各种印刷和裁切用线是否完整等。只有这样，才能提高生产效率，保证印刷的顺利完成。

四、制版

传统印前制版工艺自动化程度较低，要经过剪片、拼版、折手、晒版、冲版、修版等工序，手工工序较多，主要依赖操作人员的经验，稍不留意就会产生印刷质量问题，造成不必要的经济损失。因此，现在许多印刷厂已开始逐步实现数字化制版技术的升级，传统制版工艺逐渐被CTP（computer to plate）版技术取代。CTP版就是从计算机直接到印版，即脱机直接制版，这种技术是由照相直接制版发展而来的，采用计算机控制的激光扫描成像，然后通过显影、定影等工序印版。CTP版技术免去了胶片这一中间媒介，使文字、图像直接转变成数字，减少了中间过程的质量损耗和材料消耗。

印刷拼版方式有三种：正反版、左右轮、天地轮。

正反版：一张卡纸有正反两面，正面和反面分别排版为正反版。

左右轮：正面、反面按左右排列，排在一块版上为左右轮。

天地轮：正面、反面按上下排列，排在一块版上为天地轮。

拼版时由于纸品包装不会总是做16开、8开等正规开数，这就需要在排列时注意尽可能把成品放在合适的纸张开度范围内，把拼版工作做到最紧凑，以节约成本。纸品包装的轧盒（切出边缘并压折痕线）是很关键的，拼版时最近的两个边线间距不能小于3mm，否则会影响排版，以至于影响到包装质量。

第二节　纸品包装的印刷工艺

纸品包装的印刷方法很多，操作方法不同，印出的效果也不同。传统使用的印刷方法主要分为凸版印刷、平版印刷、凹版印刷、丝网印刷四类。

一、凸版印刷

凸版印刷是指使用图文部分凸起、高于非图文部分的印版进行的印刷。墨辊上的油墨只能转移到印版的图文部分，而非图文部分则没有油墨，从而完成印刷品的印刷。凡是印刷品的纸背有轻微印痕凸起，线条或网点边缘部分整齐，并且印墨在中心部分显得浅淡的，就是凸版印刷品。中国唐代初年发明的雕版印刷技术，是最原始的凸印方法。

二、平版印刷

平版印刷是指印版的图文部分和非图文部分保持表面相平，图文部分覆一层富有油脂的油膜，而非图文部分则吸收适当水分。上油墨时，图文部分排斥水分而吸收油墨，非图文部分因吸收了水分而形成抗墨作用。该印刷品具有线条或网点中心部分墨色较浓，边缘不够整齐，色调再现力差，缺乏鲜艳度等特点。由于平版印刷的方法在工作中简单，成本低廉，所以是目前使用最多的印刷方法。

三、凹版印刷

与凸版印刷相反，凹版印刷印版的图文部分低于非图文部分，形成凹槽状。油墨只覆于凹槽内，印版表面没有油墨，将纸张覆在印版上部，印版和纸张通过加压，将油墨从印版凹下的部分传送到纸张上。凹版印刷的印制品墨层厚实、颜色鲜艳，并且印版具有耐印率高、印品质量稳定、印刷速度快等优点。缺点是制版费昂贵，制版工作较为复杂，因此印刷费也比较贵，不适合印刷数量少的印刷物。

四、丝网印刷

丝网印刷是指用丝网作为版基，并通过感光制版方法，制成带有图文的丝网印版。丝网印刷由五大要素构成，即丝网印版、刮板、油墨、印刷台以及承印物。该方法利用丝网印版图文部分网孔可透过油墨，非图文部分网孔不能透过油墨的基本原理进行印刷。印刷时在丝网印版的一端倒入油墨，用刮板对丝网印版上的油墨部位施加一定压力，同时朝丝网印版另一端匀速移动，油墨在移动中被刮板从图文部分的网孔中挤压到承印物上。其印刷品质感丰富，立体感强，并且这种印刷方法对于承印物材料没有太多的要求，所以广泛应用于包装材料的印刷中。

第三节　纸品包装的印后工艺

一、表面处理

纸品包装印刷完成后表面还需要进行后期工艺处理，以提高印刷成品效果和满足特殊产品的特殊需求。印后处理工艺主要有以下几种。

1. 烫金工艺

烫金工艺是目前在世界范围内被认可的较为安全和成功的工艺方式。有的烫金工艺为了加强视觉冲击力还会使用全息图，来实现多角度视觉体验。烫印在承印物上的图片很薄，贴合于承印物，与包装表面的印刷图案和色彩相互映衬，个性化特征更为明显。目前市面上常见的烫金工艺主要有三种：热烫金工艺、冷烫金工艺和立体烫金工艺。

热烫金工艺的表现方式是将所需烫金或烫银的图案制成凸型版加热，然后在被印刷物上放置所需颜色的铝箔纸，加压后，使铝箔附着于被印刷物上。烫金纸材料分很多种，其中有金色、银色、激光金、激光银、黑色、红色、绿色等。

冷烫金工艺不需要使用加热后的金属版，而是将黏合剂直接涂在装饰的图文上，把铝箔纸附着在印刷品表面。冷烫金工艺完成速度快，但烫金表面效果不如热烫金的效果好，并且牢固度差，所以印刷品需要再次上光或覆膜。冷烫金工艺的优点是成本低，节省能源，生产效率高。

立体烫金工艺是指使用腐蚀紫铜版或雕刻黄铜版将铝箔和凹凸的图文制作一个上下配合的阴模和阳模，实现烫金和压凹凸一次完成的工艺过程。腐蚀紫铜版使用寿命短，一般为10万次，而雕刻黄铜版的使用寿命可以达到100万次，而且烫金质量好。这种工艺同时完成烫金和压凹凸，减少了套印不准所产生的废品，提高了生产效率和产品质量。立体烫金常采用分辨率很高的烫金压凹凸材料，在不同的角度观看图文可呈现出不同的颜色。立体烫金可以采用平压平、圆压平和圆压圆烫金模切机，印制完成的印刷品颜色厚重鲜明、线条精细挺实，在纸面上凹凸起伏的图案有一定的光泽，给人的视觉带来一种非凡的体验，这是普通胶印无法企及的视觉和触觉效果，图4-3-1所示是立体烫金工艺纸盒。

图4-3-1　立体烫金工艺纸盒

2. 覆膜工艺

覆膜工艺是指印刷之后的一种表面加工工艺，是把附着黏合剂的塑料薄膜与纸质印刷品经过加热、加压复合在一起，形成纸塑合一的材料。经过覆膜的印刷品，由于表面多了一层塑料薄膜，可以保护印刷油墨的持久度和纸张的牢度，起到防潮、防水、防污、耐磨、耐折、耐腐蚀等作用，延长包装的使用寿命。塑料膜通常分为亮光膜和亚光膜两种。如果采用透明亮光薄膜覆膜，覆膜产品的印刷图文颜色更鲜艳饱和，富有立体感，特别适合食品、日用品、工业产品等商品的包装，能够引起人们的食欲和消费欲望。如果采用亚光薄膜覆膜，产品会给消费者带来一种高贵、内敛的感觉。覆膜工艺适合精密仪器、文具、服饰等商品的包装，覆膜后的包装产品能显著提高商品的档次和附加值。对于纸品包装而言，覆膜要注意存储环境的湿度控制，覆膜后的纸品包装一旦受潮，就容易脱胶，导致薄膜与纸面分离。图4-3-2所示是覆亚光膜纸盒。

图4-3-2　覆亚光膜纸盒

3. 凹凸压印工艺

凹凸压印工艺是指利用凸版印刷机较大的压力，把已经印刷好的半成品上的局部图案或文字轧压成凹凸明显的、具有立体感的图文，通过凹凸压印工艺技术加工完成的印刷品，成型效果类似浮雕作品（图4-3-3）。

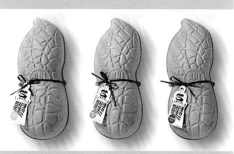

图4-3-3　凹凸压印工艺纸盒

凹凸压印工艺技术最早出现时是由全手工完成的，即手工雕刻印版、手工压凹凸工艺；经过发展，凹凸压印工艺由机械完成，但雕刻印版仍由手工完成。近年来，凹凸压印工艺已经普及和完善，印版的雕刻以及凹凸压印设备已全面实现自动化。

如果对凹凸起伏的高度没有过高要求，可以直接利用印刷机的压力通过雕版对纸面进行凹凸压印，压力根据凹凸高度进行相应调整，凹凸高度大则压力大，凹凸高度小则压力小。如果质量要求高，或纸张比较厚、硬度比较大，也可以采用热压，即在印刷机的金属底版上接通电流，这样凹凸纹理会更清晰，立体感更强。

4. UV上光

UV上光即紫外线上光，它是以专用的特殊涂剂均匀地涂于印刷品的表面后，经紫外线照射，快速干燥硬化而成，既可以满版上光也可以局部上光。对于纸品包装而言，UV上光后的印品表面光亮悦目，防水性、防潮性和耐磨性都比较好。只是UV上光产品在模切时耐折性较差，容易爆裂，需要使用好的上光设备，通过严格的工艺来完成。UV上光还有些缺点亟待解决，如UV上光的包装制品气味较重，对人体有一定的刺激性；UV上光油对纸张和油墨的附着性较差，后加工适应性差，不易糊盒，模切时容易爆裂等。由于这些原因，目前许多发达国家不允许在食品、医药产品及化妆品的包装上使用UV上光工艺。图4-3-4所示为采用UV上光工艺印刷的纸品包装。

图4-3-4 采用UV上光工艺印刷的纸品包装

5. UV仿金属蚀刻印刷

UV仿金属蚀刻印刷又名磨砂或砂面印刷，是在具有金属镜面光泽的承印物（如金、银卡纸）上印上一层凹凸不平的半透明油墨以后，经过UV固化，产生类似光亮的金属表面经过蚀刻或磨砂的效果。UV仿金属蚀刻油墨可以产生绒面及亚光效果，可使印刷品显得柔和而庄重、高雅而华贵。图4-3-5所示为采用UV仿金属蚀刻工艺印刷的纸质瓶贴。

除了以上介绍的几种印刷工艺外，纸品

图4-3-5 采用UV仿金属蚀刻工艺印刷的纸质瓶贴

包装印刷工艺还包括折光、模切压痕、水热转印、滴塑、冰花、皱纹、刮刮银等印刷工艺。

采用新型的工艺实现联机自动化生产，是包装印刷及其印后加工发展的趋势，印刷企业只有不断革新技术，顺应这种趋势才能保持技术的先进性，并在激烈的市场竞争中处于领先地位。

二、模切模压

包装中使用的各类纸箱、纸袋、纸盒，其平面展开结构都是由裁切线和折叠线组成的，纸品包装的模切工艺就是把设计的平面图制作成模切刀版，对轮廓线模切，对折叠线压痕而最终成型，模切、模压是主要的工艺流程。对一些异形的外轮廓和特殊结构，只有采用模切、模压方法才能够成型，是纸品包装成型加工不可缺少的重要环节。

模切版经过压力的作用，压出线痕，可以准确定位折叠线，便于立体成型，这属于压痕工艺。用模切刀和压线刀组合成同一个模压版，将模压版装到模压机上，在压力作用下，同时将纸板轧切并压出折叠线，这种工艺称为模压。

模切工艺流程按先后顺序为：排刀、上版、设置机器压力、调规矩、贴海绵胶、试压模切、调准压力、模切、清废。

纸品包装中常见的模切形式有钢刀模切、旋转模切和激光模切。钢刀模切和旋转模切适用于软性到半硬性材料，遇到高硬度的材料则需要使用激光模切。激光模切的精确度和速度远远高于钢刀模切和旋转模切，激光模切的切割过程干净、利落，使用非热能的激光束对材料切割成型，无切削热生成。

三、立体成型

纸板经过模切模压后可以根据产品的性质通过黏合、打钉、插接、折叠等方法使其立体成型。若想保证纸品包装的成型质量，应在材料和工艺两个方面做好防范措施。材料方面需要注意的是纸张的平整度、纸张的纤维方向、材料和黏合剂的选用等。

1. 纸张的平整度

由于大部分纸品包装都使用卷筒纸印制，因此卷筒纸需要分切才能使用，分切后的纸张没有完全放平整就进行印刷加工，如此便会影响印刷品的平整度。纸张有时受到周围湿度的影响也会影响平整度。对于裁切好的卡纸，每张纸所含水分必须分布均匀，否则纸张的表面会出现鼓泡、变形现象，影响包装的成型效果。

2. 纸张的纤维方向

拼版时需要特别注意纸张纤维的方向。以纸盒为例，若纸盒的开口方向与纸张的纤维方向平行，则开口鼓起的现象就会十分明显，因为纸张在印刷过程中吸收水分，之后经过UV上光、压光、覆膜等表面加工，在生产过程中或多或少地要发生变形，变形后的纸张表面和底面的张力不一致，纸盒两侧在成型时已被粘好固定，这时盒盖插口会过度张开。因此，拼版时不能只想着在一张纸上拼得越多越好，还要考虑纤维方向，图4-3-6中纸盒开口方向是纵向，则纤维方向应垂直于开口的方向选择横向（图4-3-6中红色箭头所示方向）才是正确的拼版方式。

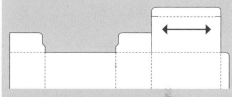

图4-3-6 纸盒开口与纤维方向示意

3. 材料和黏合剂的选用

不同材料由于其质量、硬度、厚度、光滑度的不同，需要搭配适合的黏合剂，有些还需要进行磨边处理。对全面上光或覆膜的产品，由于胶无法完全透过光油、塑料膜到达纸面，导致黏合力差，需要进行磨面处理以增加摩擦力和黏合力，因此很多产品会选择局部上光、覆膜，以增加包装结构的牢固度。

第五章　纸品包装的基本结构

纸品包装是在各大类材质包装中运用最为广泛的一种。纸品包装的种类繁多，按包装形态分为纸杯、纸袋、纸箱、纸盒等；按形状分为正方体、长方体、圆柱体、多面体等。

纸品包装的基本结构造型都是经过长期实践而总结出的成熟、实用的结构形式，多数都是一纸成型，在安全、合理的前提下能有效使用穿插、折叠结构，减少粘贴的使用频率。运输时平板状态优于立体状态，在不影响整体效果的前提下尽可能减少人工参与成分，在制作、运输、使用等诸多环节上进行合理有效的设计安排。本章主要介绍纸杯、纸袋、纸箱和纸盒的基本结构。

第一节　纸杯的基本结构

纸杯的特点是安全卫生、轻巧方便。纸杯最常见的用途是用于盛装食物或饮料，供冷冻食品或冷饮使用的纸杯涂石蜡，可盛冰淇淋、果酱、黄油、果汁等；供热饮使用的纸杯涂聚乙烯（PE）涂层，耐90℃以上高温，亦可盛开水。纸杯按结构可分为单层杯、双层杯、中空杯、瓦楞杯、发泡杯等。常见纸杯结构如图5-1-1所示。

图5-1-1　常见纸杯结构

一、单层杯

单层杯也称为单面淋膜纸杯，使用食品级木浆纸和食品级PE薄膜制作而成，一般用于盛装低温或常温饮用水。

二、双层杯

双层杯的杯壁有两层，质量优于单层杯。双层杯使用的时间也比单层杯使用的时间长。用于盛装热饮，其安全性、挺拔度和用纸克重都要高于普通的纸杯。

三、中空杯

中空杯的杯壁有两层，两层之间留有空隙，所以称为中空杯。中空杯具有隔热功能，质量大大超过普通纸杯，中空杯的使用寿命也远超过普通纸杯或单层纸杯。

四、瓦楞杯

瓦楞杯是一种应用于日常热饮的纸容器，呈口杯形，外层为排列整齐的波纹形纸质杯壁，具有非常强的隔热功效，主要用于高档咖啡厅和餐厅。

五、发泡杯

发泡杯的外层为排列整齐的泡囊状纸质杯壁，具有很好的装饰和隔热效果，和瓦楞杯一样主要盛装各种热饮，使用市场集中在高档咖啡厅和餐厅。

第二节　纸袋的基本结构

　　纸袋是生活中常见的包装容器，现在纸袋的材料更多选用纸与塑料、铝箔、纤维等材料复合制成，使用性能大幅提高，极大拓展了纸袋的使用范围。纸袋的主体结构包括袋口、袋身、袋底；纸袋的附件结构包括封口、开窗、提手。基本款纸袋按形式不同分为平袋、角撑袋（折裆袋）、阀口纸袋、六角底袋、方底袋、手提式纸袋。

一、平袋

　　平袋（图5-2-1）多用于食品、小礼品或印刷出版物的包装。许多文件袋都选择平袋结构，文件袋的尺寸多样，以存放A4（210mm×297mm）尺寸文件的文件袋为例，其标准尺寸是220mm×305mm。

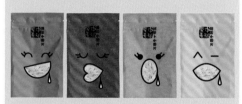

图5-2-1 平袋

二、角撑袋

　　角撑袋（图5-2-2）也叫作折裆袋，袋口两侧对称折叠，撑开后口部随折叠结构扩大，前后两面底边直接黏合形成底部结构，没有底面。

三、阀口纸袋

　　阀口纸袋（图5-2-3）的阀口结构在商品的使用过程中可以提供很多便利，但需注意阀口闭合封口是否严密，如果不严密，纸袋包装在运输的过程中若受到外力的挤压和摔包现象，内部包装物就会随阀口处的缝隙泄漏出来。为了避免此类情况，阀口纸袋的密封结构要保证万无一失。

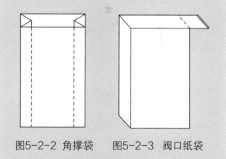

图5-2-2 角撑袋　　图5-2-3 阀口纸袋

四、六角底袋

　　六角底袋左右两侧无折叠结构，底部经过折叠、黏合形成扁六边形，底部制作步骤见图5-2-4，纸袋完全撑开，放入物品后可直立存放。

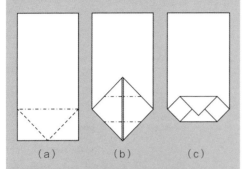

图5-2-4　六角底袋底部制作步骤

五、方底袋

　　方底袋的左右两侧可对称折叠，撑开后口部随折叠结构扩大，底部折叠、黏合形成矩形，纸袋撑开后可直立存放。方底袋有八字底（图5-2-5）、开叉底（图5-2-6）和内扣底（图5-2-7）三种封底方式。八字底是最常见的纸袋，但由于底部折叠的纸张层数多，折痕位置纸张较厚，不如开叉底美观。其中开叉底和八字底折叠成平板结构时，底部会向一侧袋面折叠并拢，表面会留有一道折痕。如不想在纸袋表面留下折痕，则只能选择内扣底，因为内扣底折叠的时候，底面向内对折，两侧纸袋表面皆无折痕。

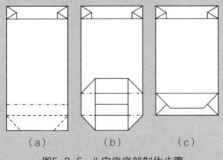

图5-2-5　八字底底部制作步骤

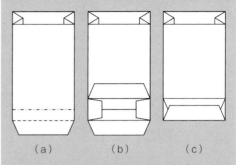

图5-2-6　开叉底底部制作步骤

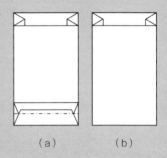

图5-2-7　内扣底底部制作步骤

六、手提式纸袋

　　手提式纸袋（图5-2-8）的使用范围极其广泛，以商品包装的形式出现之后，在日常生活中还可以继续发挥其使用功能，用于携带其他种类的物品，是纸品包装中再利用率最高的一种包装形式。市面上最常见的手提纸袋规格是400mm×285mm×80mm，具体纸袋尺寸可根据盛装物体尺寸调整。

图5-2-8　手提式纸袋

第三节 纸箱的基本结构

纸箱通常采用瓦楞纸板作为包装材料，其中应用最多的是单瓦楞、双瓦楞和三瓦楞等类型。纸箱容量较大，主要用于储藏与运输包装。纸箱的基本结构按形式不同分成五种，即开槽纸箱、半开槽纸箱、包裹式纸箱、展示架式纸箱和抽屉式纸箱。

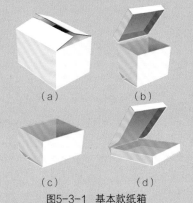

（a）　　　　　　（b）

（c）　　　　　　（d）

图5-3-1 基本款纸箱

一、开槽纸箱

开槽纸箱又叫对口盖箱[图5-3-1（a）]，是纸箱中最常见的造型结构，被广泛应用于各类产品包装。

二、半开槽纸箱

半开槽纸箱多用于归纳组合运输容器、销售包装及水果、蔬菜等，造型结构有天地盖式[图5-3-1（b）]和浅箱式结构[图5-3-1（c）]。

三、包裹式纸箱

包裹式纸箱[图5-3-1（d）]用于包装偏重、易碎类产品，产品包装尺寸很紧密，可以有效防止产品破损，纸板用量很少。

四、展示架式纸箱

展示架式纸箱（图5-3-2）作为运输包装，从生产厂家运送到大型超级市场，叠放起来可以像展示架一样批量展示销售的商品，商品无须重新分类上架，有效降低人力成本，经济实用，主要用于服装、玩具和食品的运输及展示。

图5-3-2 展示架式纸箱

五、抽屉式纸箱

抽屉式纸箱的箱体与箱盖由两张瓦楞纸制作完成，箱体可反复抽拉，结构牢固，便于多次使用，常用于价格较高的水果和保健品的包装。

目前基本形态的纸品包装结构占据市场主体地位，这主要是由生产条件、包装的使用性、运输的方便性等因素决定的。基本形态的纸品包装结构具备很强的经济、实用性，相较于异形纸品包装，基本结构包装在纸板的裁切面积内，可以排出更多的模数，能更有效地控制成本支出，这也是设计师在设计异形纸品包装时需要认真考虑的问题。

第四节　纸盒的基本结构

　　了解纸盒的基本结构之前首先需要掌握纸盒各部分名称（图5-4-1）。

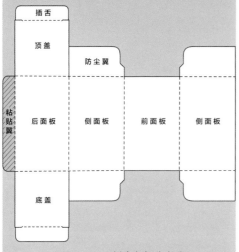

图5-4-1　纸盒各部分名称

　　纸盒的基本结构按形式不同分成九种，即摇盖盒、手提盒、扣盖盒、抽屉式盒、展示盒、液体盒、组合式盒、开窗盒、黏合式封口盒。

一、摇盖盒

　　摇盖盒（图5-4-2）是指盖与盒体连接在一起的折叠纸盒。盖的设计形式有：无侧边的平折合盖；具有两个侧边的盖帘折合盖；几个折盖自由折叠的折合盖。它大部分只用一张纸板成型，式样较多，大体分为立体摇盖盒、扁体摇盖盒、方体摇盖盒、多边体摇盖盒、隔体摇盖盒。

图5-4-2　摇盖盒

　　立体（高型）摇盖盒多使用白板纸制作，在盒体的一条棱上黏结封合，可盛装牙膏、肥皂等物品。这种盒结构简单，并有充分的保护功能。

　　扁体摇盖盒类似立体摇盖盒，只是开口处呈扁体形状，可盛装食品、文具等。

　　方体摇盖盒使用广泛，一般来说正方盒体既可多装商品，又能节约用料，更适于装箱时的排列。方体摇盖盒根据摇盖方式不同，封口方法多采用插口、锁口、黏结、插别、自由折叠等。

　　多边体摇盖盒的结构富于变化，一般由梯形、三角形、六角形、八角形、棱形等组成，是呈现几何形状的盒。它给人以活泼和美的感觉，一般用于包装糖果、点心等，作为礼品包装更有其特殊意义。

　　隔体摇盖盒是将隔板包括在一张下料纸板之中，盒与隔板形成一体。作为一个整体可增加盒的强度，比后加隔板更能提高盒体的抗压力，它的强度和抗压力均高于普通盒。另外，盒内带隔板，可以固定内装物品，使其不动摇、不碰撞，起到保护商品的作用。

二、手提盒

手提盒是现代纸盒包装中又一种新的结构形式。它最大的特点是方便携带，这种造型结构都在盒体上装有提手，普遍应用于日常生活用品和食品包装中。根据形态不同，手提盒又分为方形手提盒、柱形手提盒、扁形手提盒、半圆形手提盒、中隔形手提盒与多角形手提盒。

方形手提盒应用比较普遍，也是最早期的主要形式。

柱形手提盒的结构线条流畅、形体优雅，多用于盛装酒类物品，所以它更注重提手部分的负荷和封底的牢靠。

扁形手提盒的形状多类似皮包状，便于携带，美观大方。

半圆形手提盒从方形手提盒派生而来，结构精巧优美，盛装物品量大，便于装入与取出。

中隔形手提盒（图5-4-3）与隔体摇盖盒的结构相同，亦起到保护商品和增加盒体强度的作用。另外，由于有隔层，也便于分类盛装不同的物品。

多角形手提盒的造型富于变化，往往给人留下美好的感觉，是食品包装中不可缺少的盒形。

三、扣盖盒

扣盖盒也叫天地盖盒，用两块纸板组成盒盖与盒身。扣盖盒使用也较普遍，常用于包装服装、食品、鞋帽、小五金、玩具等。这种盒不盛装物品时也可折叠成片状，使用时拉开成型，然后将盖与身合在一起扣好，即可盛装物品。扣盖盒根据形状不同又分为天罩地盒、帽盖式盒以及对口盖盒。

天罩地盒是指用上盖直接盖到盒底，封闭整个盒体。由于上盖侧面全部覆盖底盒，盒体四周形成双层，因而抗压力强，可起到充分保护商品的作用，能盛装贵重的毛料服装和高级衬衣等。

帽盖式盒（图5-4-4）是指上盖扣住盒身的一部分，盒盖的高度低于底盒侧面的高度。一般用它盛装糕点、糖果、鞋、帽等商品。这种形态的盒展现面大，开启方便，易装易取。

图5-4-3 中隔形手提盒

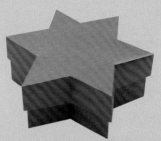

图5-4-4 帽盖式盒

对口盖盒，一般上盒与下盒的侧面高度相等，下盒分两层，内层外径与上盒内径一致，可互相摩擦套拢，盖合后外径一致，给人以高贵、严谨之感。其形态除圆形、方形外，还有六角形、三角形、八角形、梯形、棱形等不同形状。

四、抽屉式盒

抽屉式盒又叫抽匣盒或中舟式盒，由盒身与抽匣组成，如图5-4-5所示。抽匣是内盒或呈浅盘式，能塞进外壳。盒身也叫外壳或外盒，以订装或粘贴封合。总体看来，内盒有保护性，外盒有装饰性，结构牢固，使用方便。

图5-4-5　抽屉式盒

五、展示盒

展示盒又叫陈列盒，一类是带盖的，展销时将盖打开，运输时又可将盖合拢；另一类是不带盖的，展销时产品可直接展示。以往的包装由于考虑到防盗、防尘的问题，通常会将产品包得比较严实，而展示盒能让消费者感受看到包装的物品，便于消费者选购商品，起到了展示商品、宣传商品和推介商品的作用。根据形态不同，可分为立体展示盒、摇盖面展示盒、平面展示盒（图5-4-6）等。

图5-4-6　平面展示盒

六、液体盒

液体盒（图5-4-7）具备很强的密封性能和保鲜性能，一般用它盛酒、调味料、果汁或矿泉水。液体盒分为内套式或外皮式。内套式是指纸板内侧粘贴易弯折的纸袋、塑料或铝箔。外皮式是指将袋、瓶直接装在外皮内，两者均构成双层。装有液体的纸盒表面，都涂有合成树脂，以加强保护性能。纸盒装入液体后，盒上部成为三角形状或扁平状，有的留有插入塑料吸管的圆孔，有的留有导流口，用旋转式瓶盖密封。

图5-4-7　液体盒

七、组合式盒

组合式盒（第220～235页示范作品）一般是指品类相同、规格不同，或品类不同、用途相关，或若干相同产品搭配包装在一起的包装盒。组合式盒都使用一张纸板，几个盒体紧紧相连，形成组合状态。

八、开窗盒

开窗盒如图5-4-8所示，通常在盒体的主要展示面上开窗口，在窗口衬上一层透明塑料板，消费者既能看到包装的产品，又可以保持产品不被接触。开窗盒根据形态又分为扁体开窗盒、立体开窗盒、多角体开窗盒等。

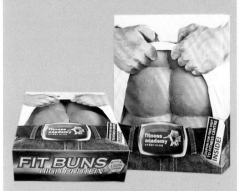

图5-4-8　开窗盒

九、黏合式封口盒

黏合式封口盒多数用于食品及小型零部件的包装。有些食品包装盒会在黏合式封口盒表面刻上便于开启的切口，称为一次性防伪包装（图5-4-9）。这种切口结构的包装在为消费者提供便利的同时，由于切口一旦被撕开，纸盒即遭到不可逆的破坏，可以很容易地判断商品的完整性，这个特点对注重食品安全的消费者来说，无疑是一个很好的购物保障。

纸盒底部的闭合结构也多种多样，使用频率较高的有三种：摇盖插入式封底、插别锁合底和自动锁底。

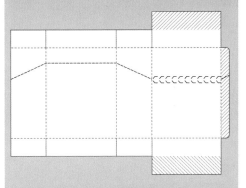

图5-4-9　一次性防伪黏合式封口盒

摇盖插入式封底的结构和摇盖盒（图5-4-2）盖的结构完全相同，使用简便，但承重力较弱，适合包装小型或重量轻的商品。

插别锁合底（第44页示范作品）的结构简单、经济实用，有一定强度和密封性，造价比自动锁合底低，广泛用于化妆品、礼品或食品包装中。

自动锁底式封底（第45页示范作品）的结构采用预粘的加工方法，粘贴后仍然能压成平板形状，使用时只要撑开盒体，盒底就会自动展开形成锁合状态。自动锁底式封底的结构牢固，有良好的承重能力，适合自动化生产。

以下是纸品包装基本结构的示范作品。

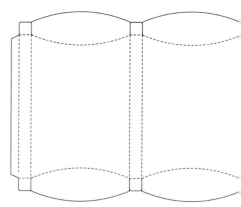

设计思路 纸盒上下两端采用弧形的开合结构，防尘翼防止内部物品外露。

结构特点 双层的口盖和防尘翼增强了闭合结构的牢固性，仅有一个粘贴处，造型简洁、易成型。

注意事项 粘贴处两端的结构不能凸出于闭合结构的折叠线，否则会影响闭合效果。

适用范围 食品、纺织品、文具、礼品等。

产品尺寸 长度适用范围为 8～30cm。

纸张规格 厚度为 150～350g（印刷包装行业内用克重表示厚度，如用纸克重为 70g，其意义是面积为 1m² 的试卷纸质量为 70g）。

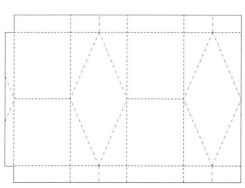

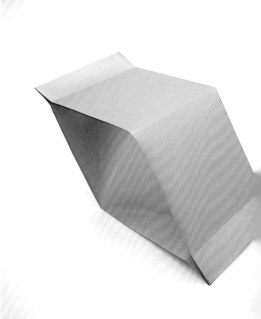

设计思路 按结构线折叠后体面感很强，盒体表面为产品提供了理想的平面设计印刷空间。

结构特点 一纸成型、纸张利用率高，三个粘贴处，造型简洁、易成型。

注意事项 纸盒两侧厚度不宜过大，否则上下两端封口无法牢固黏合，易发生漏包现象。

适用范围 食品、纺织品、文具、礼品等。

产品尺寸 长度适用范围为 8～30cm。

纸张规格 厚度为 120～350g。

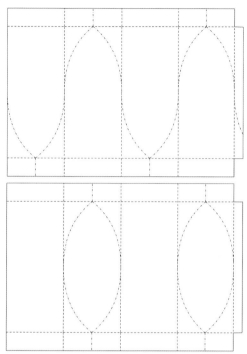

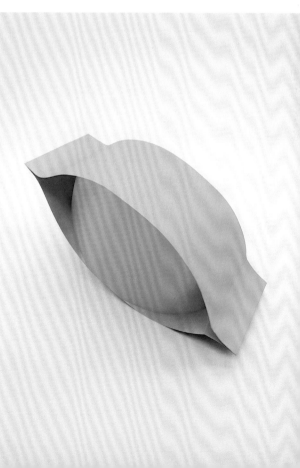

十思路 按弧形结构线折叠后，纸盒的内部空间比折线的空间更大，纸张利用率很高。平视黄色纸盒，每个侧面都是直线与弧线结合出现的。绿色纸盒，相邻的两个侧面呈现出不同的结构，一面是矩形，另一面是橄榄形。两个纸品包装表面都有充足的平面设计印刷空间。

特点 一纸成型、纸张利用率高，三个粘贴处，造型简洁、易成型。

事项 有弧形折痕的面，宽度不宜过大，否则上下两端封口时无法牢固黏合，易发生漏包现象。

范围 食品、纺织品、文具、礼品等。

尺寸 长度适用范围为 8～20cm。

规格 厚度为 120～300g。

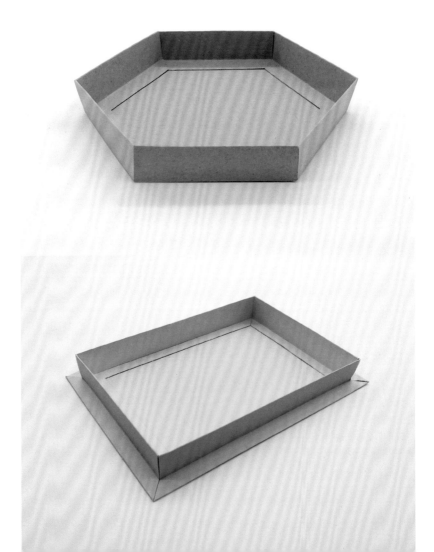

思路 纸托盘的 4 个侧面都是双层向内翻折后，再延伸
内翻结构支撑在纸盒内部的底面上，增强了结构
的牢固性。

特点 无粘贴处，造型简洁、易成型。

事项 向盒体内侧面折叠的纸张尺寸要考虑纸张的厚度，
要保证内部两侧直角合拢时结构致密。

范围 食品、纺织品、文具、礼品等。

尺寸 长度适用范围为 8～30cm。

规格 厚度为 150～350g。

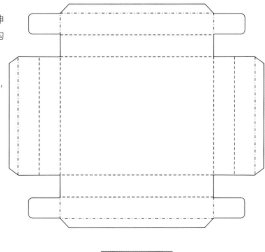

思路 纸托盘的底面形状是扁六边形，6 个侧面都是双
层向内翻折后，再延伸内翻结构支撑在纸盒内部
的底面上，增强了结构的牢固性。

特点 无粘贴处，造型简洁、易成型。

事项 向盒体内侧面折叠的纸张尺寸要考虑纸张的厚度，
要保证内部相邻两面合拢的转折线结构致密。

范围 食品、纺织品、文具、礼品等。

尺寸 长度适用范围为 8～30cm。

规格 厚度为 150～350g。

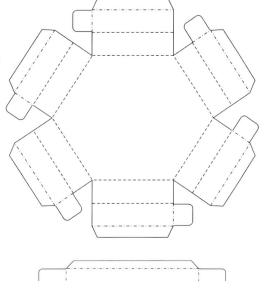

思路 纸托盘在底面四周增加了装饰边，既提升了视觉
可看性，又增强了结构的牢固性。一纸成型，底边
的装饰结构折叠完成后再向托盘内侧翻折，同样
延伸内翻结构支撑在纸盒内部的底面上。

特点 无粘贴处，造型简洁、易成型。

事项 每个直角转折结构的纸张都要确认尺寸，以保证
合拢时棱角分明、结构挺括。

范围 食品、纺织品、文具、礼品等。

尺寸 长度适用范围为 8～30cm。

规格 厚度为 150～350g。

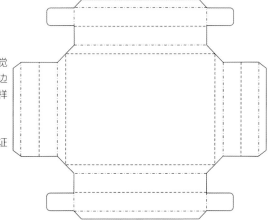

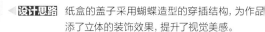

设计思路 纸盒的盖子采用蝴蝶造型的穿插结构，为作品添了立体的装饰效果，提升了视觉美感。

结构特点 一纸成型，仅有一个粘贴处，造型简洁、易成型

注意事项 盒盖上的开孔尺寸要精准，尺寸过大，盖子容易开，尺寸过小又容易把蝴蝶结构撕裂，影响美观

适用范围 食品、纺织品、文具、礼品等。

产品尺寸 高度适用范围为 8～30cm。

纸张规格 厚度为 120～300g。

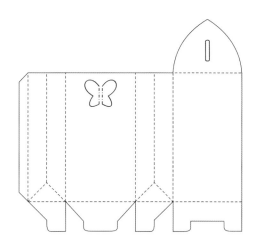

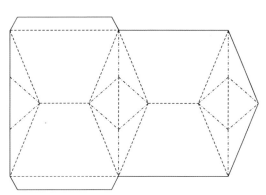

▶ **设计思路** 按结构线折叠后体面感很强，盒体表面为产品提供了理想的平面设计印刷空间。

结构特点 一纸成型、纸张利用率高，三个粘贴处，造型简洁、易成型。

注意事项 纸盒两侧厚度不宜过大，否则上下两端封口无法牢固黏合，易发生漏包现象。

适用范围 食品、纺织品、文具、礼品等。

产品尺寸 长度适用范围为 8～30cm。

纸张规格 厚度为 120～350g。

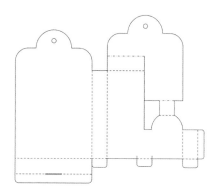

◀ **设计思路** 按平面图切割、折叠、粘贴后,形成一双靴子形状的立体中空展示结构,体面、层次感强,盒体表面为产品提供了理想的平面设计印刷空间。

结构特点 一纸成型,一个粘贴处,造型简洁、易成型。

注意事项 造型可以设计得更丰富,包装表面也可以增加镂空图案进行装饰。

适用范围 食品、纺织品、文具、礼品等。

产品尺寸 高度适用范围为 12 ~ 25cm。

纸张规格 厚度为 160 ~ 300g。

▼ **设计思路** 这款纸盒两端是正六边形,折叠形成六棱柱形状,根据产品的需求既可以在六边形平面上开口,也可以在长方形平面上开口。

结构特点 一纸成型,造型简洁、易成型。

注意事项 造型可以设计得更丰富,包装表面也可以增加镂空图案进行装饰。

适用范围 食品、纺织品、文具、礼品等。

产品尺寸 高度适用范围为 12 ~ 25cm。

纸张规格 厚度为 160 ~ 300g。

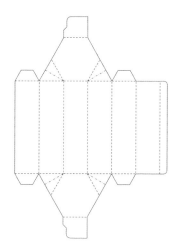

开口在长方形平面上的平面图

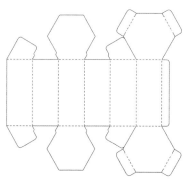

开口在六边形平面上的平面图

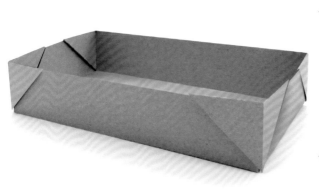
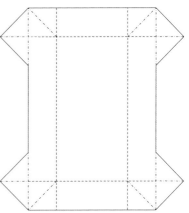

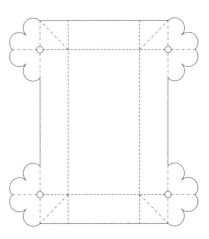

▼▲ 设计思路 纯折叠纸托盘，向外翻折的结构固定托盘的4个角，使托盘的结构牢固成型。

结构特点 造型简洁、易成型。

注意事项 外翻结构的形状可进一步进行设计改造，每个角都可以使用不同造型。

适用范围 食品、文具、礼品等。

产品尺寸 长度适用范围为10～30cm。

纸张规格 厚度为180～350g。

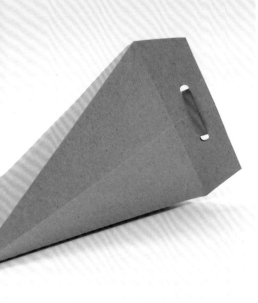

路 三角四面体纸盒,一纸成型,纸张利用率极高,结构牢固,沿虚线折叠后即可成型,有充足的平面设计空间。

点 造型简洁、立体感强、易成型。

项 若不黏合而使用绑绳或穿插结构固定,则可以平板形状运输,节约运输成本。

围 食品、文具、纺织品、小礼品等。

寸 高度适用范围为 10 ~ 30cm。

据 厚度为 180 ~ 350g。

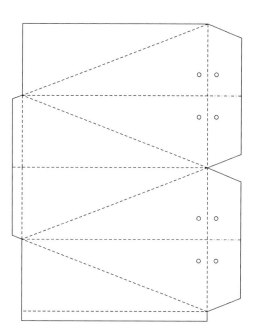

▷设计思路 这款手提盒针对盒体侧面的造型进行了特殊设□
盒体表面为平面设计预留了足够的展示空间。

结构特点 无粘贴处，造型新颖、易成型。

注意事项 侧面上与边线连接的四片结构不能过窄，它□
面起到防尘翼的作用，另一方面可以增强结构□
牢固性。

适用范围 食品、纺织品、文具、礼品、电子商品等。

产品尺寸 高度适用范围为 15～30cm。

纸张规格 厚度为 200～350g。

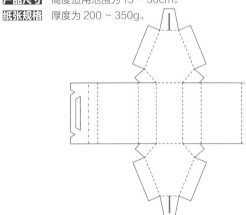

▷设计思路 酒瓶形状的牛皮纸盒，盒盖采用天地盖，底部采
用插别锁合底，形式感强。

结构特点 造型简洁，口部需粘贴，结构牢固。

注意事项 对于天地盖结构，要让盖子和盒体产生摩擦力才
能闭合得严密，因此尺寸必须根据不同纸张的厚
度认真调整。

适用范围 食品、酒水、调味品等。

产品尺寸 高度适用范围为 10～30cm。

纸张规格 厚度为 180～300g。

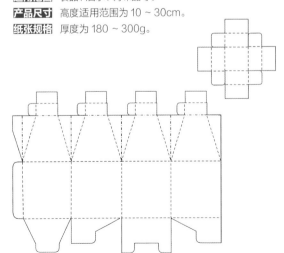

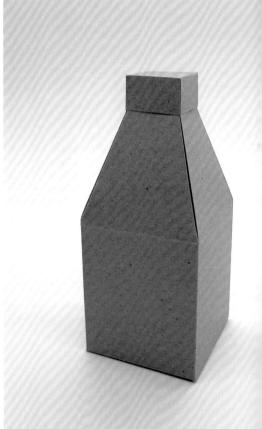

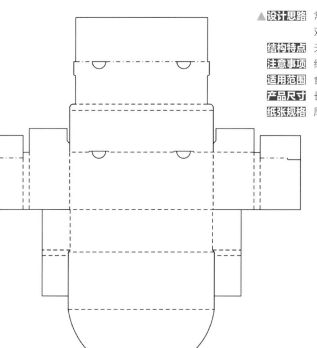

▲**设计思路**　常见的牛皮纸摇盖盒，盒体的 3 个侧面都设计成双层中空结构，增强了结构的牢固性。

结构特点　无粘贴处，结构坚固、易成型。

注意事项　纸张厚度不宜太薄。

适用范围　食品、纺织品、文具、礼品等。

产品尺寸　长度适用范围为 10 ~ 30cm。

纸张规格　厚度为 180 ~ 350g。

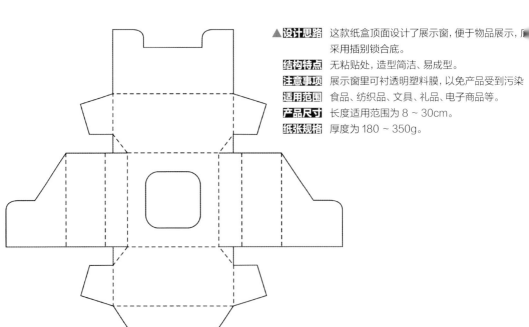

▲ **设计思路** 这款纸盒顶面设计了展示窗，便于物品展示，底
采用插别锁合底。

结构特点 无粘贴处，造型简洁、易成型。

注意事项 展示窗里可衬透明塑料膜，以免产品受到污染

适用范围 食品、纺织品、文具、礼品、电子商品等。

产品尺寸 长度适用范围为 8 ~ 30cm。

纸张规格 厚度为 180 ~ 350g。

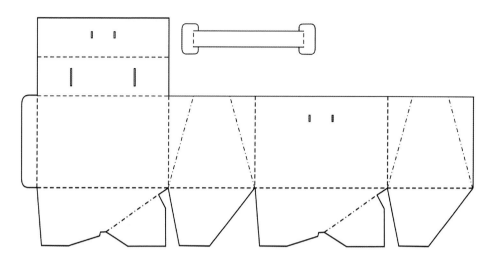

▼ **设计思路**　这款手提盒按折叠线压折可快速成型，盒体表面给平面设计预留了足够的展示空间。

结构特点　仅有一个粘贴处，造型简洁、易成型。

注意事项　盒底采用自动锁合底，可承受较重物品，插别锁合底对质量的承受力远低于自动锁合底。

适用范围　食品、纺织品、文具、礼品、电子商品等。

产品尺寸　高度适用范围为 15 ~ 30cm。

纸张规格　厚度为 240 ~ 350g。

第六章　异形纸品包装结构设计方法

纸品包装可以是圆形、方形、三角形等极为简洁的几何造型，亦可以是极富浪漫、毫无规则的艺术造型。异形纸品包装的样式随着科学技术的发展不断进步，结构的设计变得越来越丰富多样。一些商品包装故步自封，无法满足年轻消费者求新求奇的心理，使得消费对象大幅萎缩，在年轻消费群体里更是丧失了关注度。这时就需要设计师设计、开发出新颖别致的异形包装来满足消费者的需求。优秀的包装造型设计作品单凭结构就可以夺人眼球，征服消费者，令人产生欣喜、舒适的审美享受。完美的结构设计离不开精致的细节处理，在优秀的包装设计作品中可以看到许多细节上的巧妙安排，精致、体贴的设计随处可见。这些经过设计师反复斟酌的严谨结构来自设计师对整体设计风格的清晰把握，只有提炼精华、避免繁复，才能展现出整体创意的精妙所在。人们在紧张的工作之余，渴望一种既相对轻松又颇具品质的生活方式，简洁流畅的线条，舒适时尚的造型元素，可以给人一种清爽、大气之感，而铺设过繁的设计作品，反而会给人累赘、琐碎的印象。纸品包装造型作品若想在观赏与使用过程中都让消费者有美妙的感觉，可以通过在边线上、棱角上、平面上采用切割、折叠、插接、粘贴、组合等诸多工艺手法对包装结构进行创造性的设计来获得实现。

有智慧的设计能使消费者对产品自主产生亲近感，从而自然、完美地实现商家利益。因此，每一个成功的包装设计作品都不是轻而易举就能实现的，设计师需要深掘其本质，强调其魅力，才能呈现其精神。

第一节　纸品包装平面结构上的改变

纸品包装平面结构上的改变方法主要包括切割、镂空、折叠、插接、粘贴等方法。

一、切割

纸张经过切割后，可以做成各种各样的立体形状，但由于纸张切割后的强度会随之减弱，如何利用这个特性设计合理、适用的包装盒，是设计师需要认真思考的问题。如第57页的手提包装盒即利用了切割的工艺手法，在包装纸板上进行弧形的切割，形成缓和凸起结构，内部的空间正好贴合产品扁圆的外形，起到了很好的固定、支撑作用。这种裁切后纸张的立体形态可在一定范围内产生变化，恰好为产品提供了良好的缓冲性能和吸振性能，有质量轻、保护性能好、适应性强、节省材料、绿色环保等优势。这种切割手法常见于立体构成作品中，将其用于纸品包装平面结构的设计上，可极大地拓展切割结构的使用范围，从而获得市场广泛的认可和巨大的成功。

二、镂空

镂空工艺用途广泛，与印刷图案不同，纸盒包装上的镂空图形可以呈现出独特的视觉传达效果。第53页所示的几何镂空包装盒上没有任何的印刷图案和文字，镂空形成的通透的立体几何构造，呈现了简洁、干练的视觉效果。去繁就简，没有多余的设计元素，设计与工艺完美结合，在满足人们视觉感受的前提下综合考虑了成本支出以及生产、运输和使用的便利性。

三、折叠

平面的纸张沿直线、弧线折叠后可以变成许多立体形状，如图6-1-1所示。第56页上的T恤盒，即是利用弧度形成立体的腰线结构，为纸盒的平面结构增添了立体感。此外，折叠方法也可以与切割相结合。第61页上的纸盒即在包装盒的四条棱线上使用了切割和折叠的组合方法，将凸起的棱线向纸盒内部推入，变成一个立体的圣诞树型纸盒，丰富了纸盒结构的层次感。

以下是在平面结构上改变的纸品包装示范作品。

图6-1-1 直线折叠立体纸盒

▲ **设计思路** 在平面上进行弧形的切割，切割线的角度、长度、弧度可以根据包装物品的形状进行调整。

结构特点 拱起的形状产生一种秩序的美感，并在功能上起到了保护、缓冲商品的作用。

注意事项 切割线的角度、长度、弧度要紧密贴合包装商品的外形，牢牢固定住商品，不能存在多余空间。

适用范围 圆形扁平状物品，如圆盘、普洱茶、玩具等。

产品尺寸 高度适用范围为 15～30cm。

纸张规格 厚度为 240～350g。

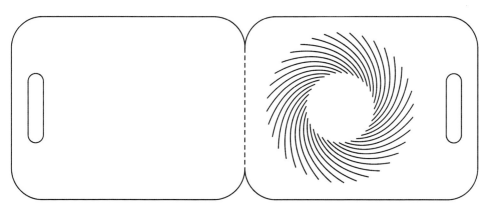

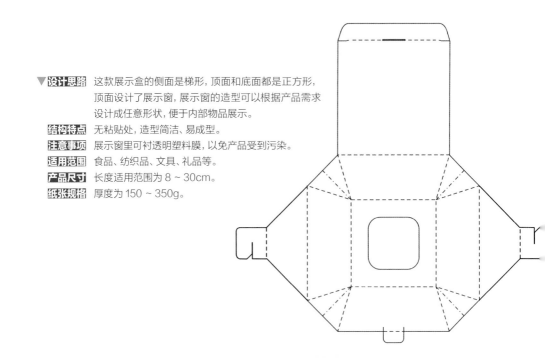

▼ **设计思路** 这款展示盒的侧面是梯形，顶面和底面都是正方形，顶面设计了展示窗，展示窗的造型可以根据产品需求设计成任意形状，便于内部物品展示。

结构特点 无粘贴处，造型简洁、易成型。

注意事项 展示窗里可衬透明塑料膜，以免产品受到污染。

适用范围 食品、纺织品、文具、礼品等。

产品尺寸 长度适用范围为 8～30cm。

纸张规格 厚度为 150～350g。

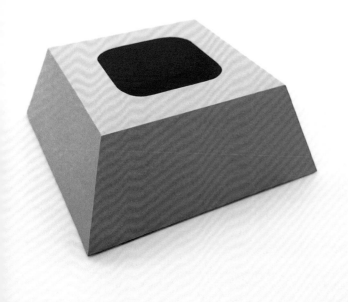

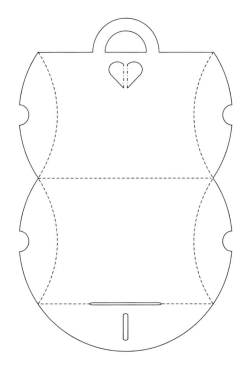

▲ **设计思路** 手提盒的盖子采用爱心造型的穿插结构,为作品增添了立体的装饰效果,两侧运用弧线使纸盒的体面产生变化,提升了手提盒的美感。

结构特点 一纸成型,无粘贴处,造型简洁、易成型。

注意事项 盒盖上的开孔尺寸要精准,尺寸过大盖子容易脱开,尺寸过小又容易把心形结构撕裂,影响美观。

适用范围 食品、纺织品、文具、礼品等。

产品尺寸 高度适用范围为12～30cm。

纸张规格 厚度为160～300g。

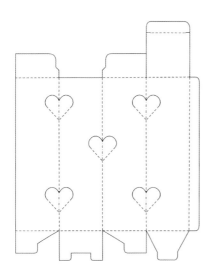

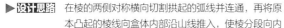

▶ **设计思路** 在棱的两侧对称横向切割拱起的弧线并连通，再将原本凸起的棱线向盒体内部沿山线推入，使棱分段向内凹陷形成爱心的形状，增加了棱线的形式感。

结构特点 仅有一个粘贴处，造型独特、易成型。

注意事项 被切割的部分形成镂空，可以看到盒体内部。

适用范围 食品、文具、纺织品、小礼品等。

产品尺寸 高度适用范围为 12 ~ 25cm。

纸张规格 厚度为 160 ~ 250g。

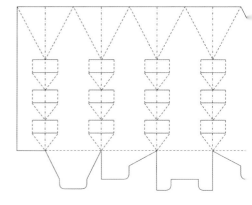

◀ **设计思路** 在棱的两侧对称横向切割直线并连通，再将凸起的棱线向盒体内部推入，有的部分是将对称切割线与对称的山线结合使棱向内倾斜凹陷，以增强棱线的形式感和视觉吸引力。

结构特点 仅有一个粘贴处，造型独特、易成型。

注意事项 被切割的部分形成镂空，可以看到盒体内部。

适用范围 食品、文具、纺织品、小礼品等。

产品尺寸 高度适用范围为 12 ~ 25cm。

纸张规格 厚度为 160 ~ 250g。

▲ **设计思路** 在三角形平面上镂空形成展示窗，全方位展示商品。

结构特点 一个粘贴处，造型简洁、易成型。

注意事项 粘贴处的尺寸不宜过宽，否则会从展示窗里露出来，内部可衬透明塑料膜，以免物品遗落或遭到破坏。

适用范围 食品、小礼品、文具等。

产品尺寸 高度适用范围为 5 ~ 25cm。

纸张规格 厚度为 150 ~ 300g。

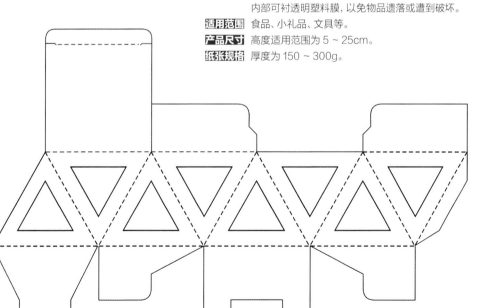

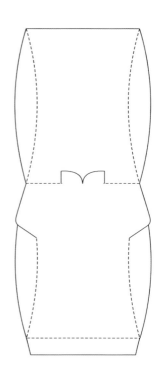

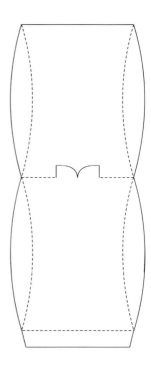

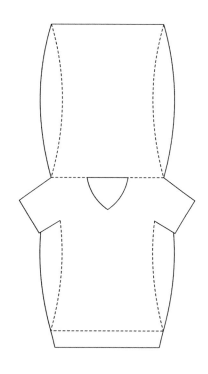

◄◄ **设计思路** 在平面上雕刻出女士传统服装上衣领和袖子的形状，侧面的弧度折叠结构正好贴合女性的腰部曲线，呈现出中式古典婉约的气质。

结构特点 仅有一个粘贴处，造型简洁、易成型。

注意事项 领口部的镂空结构可根据需要在内部衬透明塑料膜，以免内部物品遗落、污染。

适用范围 食品、服饰、针织品等。

产品尺寸 高度适用范围为 8 ~ 35cm。

纸张规格 厚度为 150 ~ 350g。

▲ **设计思路** 在平面上雕刻出 V 字领的形状，配合侧面的弧度折叠结构形成休闲 T 恤款式的纸盒造型。

结构特点 仅有一个粘贴处，造型简洁、易成型。

注意事项 领口部的镂空结构也可以做成圆形、方形或翻领的款式。

适用范围 食品、服饰、针织品等。

产品尺寸 高度适用范围为 8 ~ 35cm。

纸张规格 厚度为 150 ~ 350g。

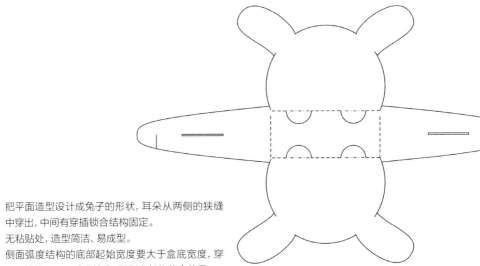

▼ **设计思路** 把平面造型设计成兔子的形状，耳朵从两侧的狭缝中穿出，中间有穿插锁合结构固定。

结构特点 无粘贴处，造型简洁、易成型。

注意事项 侧面弧度结构的底部起始宽度要大于盒底宽度，穿插口的位置和尺寸要精准，否则内部物体会外露。

适用范围 食品、小礼品、文具等。

产品尺寸 高度适用范围为 8 ～ 25cm。

纸张规格 厚度为 150 ～ 300g。

▲ **设计思路**　在平面上刻画出小熊的形状，分高、低两个层次，每个层次的造型都有所不同。

　　结构特点　仅有一个粘贴处，造型简洁、易成型。

　　注意事项　高层次上的熊猫外轮廓是由上、下两部分拼合完成的，上半部分的外轮廓尺寸要小于下半部分。

　　适用范围　食品、文具、生活用品等。

　　产品尺寸　高度适用范围为 8～30cm。

　　纸张规格　厚度为 150～350g。

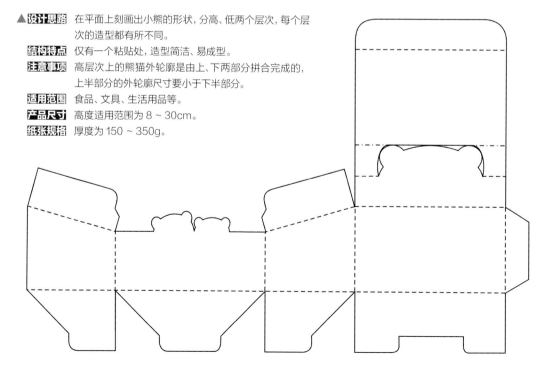

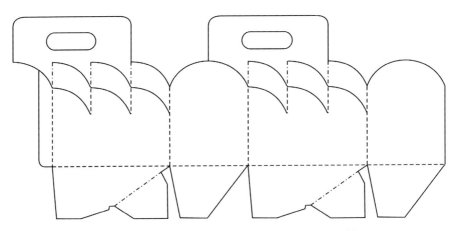

▼ **设计思路**　在平面上进行弧线的切割，通过推压折痕，弧线切口打开形成分隔空间。
弧线也可由直线或折线替代，呈现出的形状也会产生变化。

结构特点　通过增加或减少弧线切口的数量，分隔空间的数量也可以随之增加或减少。
底部采用自动锁合底，造型简洁、易成型。

注意事项　根据盛放产品的数量和质量决定材料的厚度与强度。

适用范围　瓶装、罐装酒水饮料或柱形物品。

产品尺寸　高度适用范围为20～30cm。

纸张规格　厚度为300～400g。

▲ **设计思路**　在平面上进行直线切割，通过推压折痕，直线切口打开形成阶梯状半开放空间。

　　结构特点　一纸成型，一个粘贴处，造型别致、易成型。

　　注意事项　切割的直线也可由弧线或折线替代，内部物品需要有纸袋或塑料袋包裹后再放入
　　　　　　　　纸盒，否则容易丢失。

　　适用范围　食品、文具、小礼品等。

　　产品尺寸　高度适用范围为 6 ~ 20cm。

　　纸张规格　厚度为 180 ~ 350g。

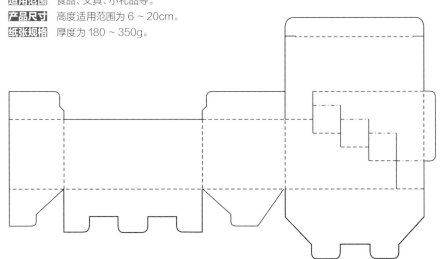

▲ **设计思路** 在镂空雕刻的花形装饰结构的下方划有狭缝，将相对的镂空花朵沿狭缝相互交叉，拱起的弧面上也划有花瓣造型的切割线，可以丰富纸盒的层次感，纸盒造型具备很强的视觉观赏性。

结构特点 仅有一个粘贴处，造型独特、易成型。

注意事项 可压成平板状运输，若以立体形状运输，需要注意保护花形立体结构不被破坏。

适用范围 喜糖、小礼品等。

产品尺寸 高度适用范围为7～15cm。

纸张规格 厚度为180～300g。

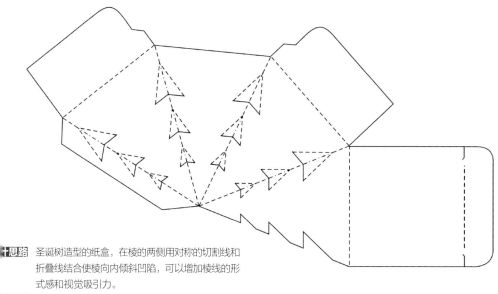

思路 圣诞树造型的纸盒，在棱的两侧用对称的切割线和折叠线结合使棱向内倾斜凹陷，可以增加棱线的形式感和视觉吸引力。

特点 仅有一个粘贴处，造型独特、易成型。

事项 被切割的部分形成镂空，可以看到盒体内部。

范围 食品、文具、纺织品、小礼品等。

尺寸 高度适用范围为 12 ~ 50cm。

规格 厚度为 160 ~ 350g。

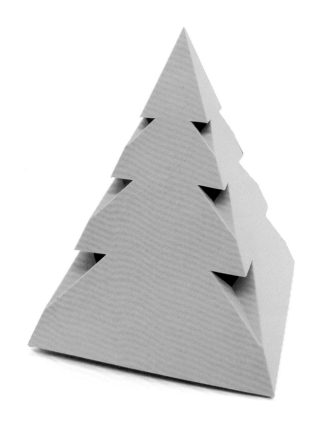

第二节　纸品包装折叠方式上的改变

　　单纯运用切割方法在包装立体结构的塑造上仍存在很大的局限性，辅以折叠方法，包装的立体构造会激发出更多的可能性。有些基本造型或是异形纸包装，在折叠成型时不需粘贴或打钉，仅凭折叠工艺便能使结构固定成型。由于免胶折叠纸盒的工序简单，因此在很多领域已开始逐步取代胶黏式传统纸盒。纯折叠款包装盒都是利用加紧式折叠结构，将相交的面相互咬紧、卡合，从而使之固定成型。若想制作一个结构牢固的折叠纸盒，在平面图制作完成后，必须制作一个样品，然后再次进行尺寸上的比对、确认。由于纸张厚度的原因，在折叠过程中纸盒尺寸会产生变化，若不及时调整，即便能成型，牢固及美观程度也会大打折扣。

　　但免胶折叠纸盒也存在一定的局限性。从成本角度考虑，免胶折叠纸盒的用纸量较多，相同体积的纸盒容器若采用免胶折叠结构会比胶黏结构的材料成本更高。因此，局部采取胶黏方式，主体结构进行折叠，也是目前常用的制作工艺。设计师要根据产品的不同需求有针对性地选择加工成型方式。

　　接下来介绍运用各种折叠方式完成的纸品包装示范作品。

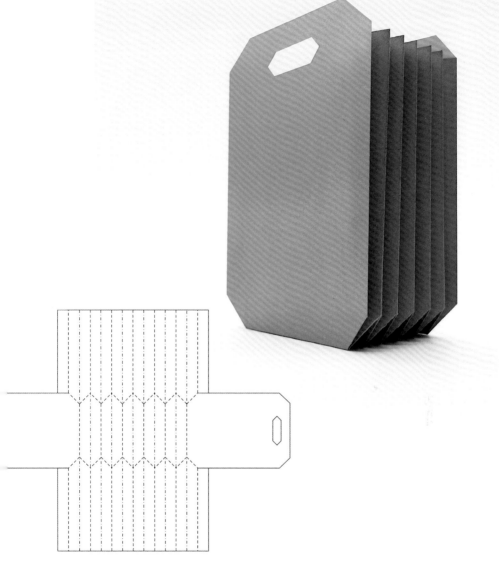

▲**设计思路** 将手提纸袋的侧面结构设计成类似手风琴琴箱的折叠伸缩结构，空置时可压成平板状存放，盛装物品时可拉伸开，增加存储空间。

结构特点 造型新颖、易成型。

注意事项 手提纸袋侧面的折叠伸缩结构在伸展后不宜过宽，否则不便于携带。

适用范围 食品、文具、纺织品、小礼品等。

产品尺寸 高度适用范围为 12 ~ 30cm。

纸张规格 厚度为 150 ~ 250g。

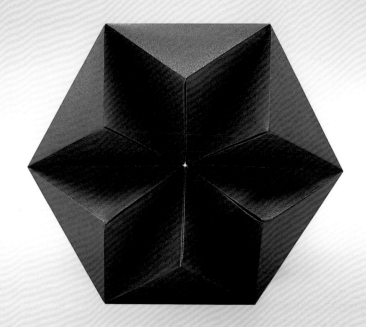

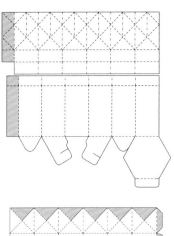

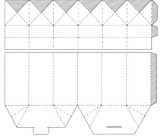

思路 天地盖结构的纸盒，设计重点在盖子的部分，上下两张平面图制作完成后的造型是完全相同的，区别在于第一个平面图的粘贴处少（灰色部分为粘贴处）。

特点 造型新颖、立体感强。

事项 盖口处是双层结构，盒盖的内径尺寸要大于底盒口的外径才能罩上去，尺寸也不能过大，以盒盖与盒底之间产生一定摩擦力为最佳状态。

范围 食品、文具、纺织品、礼品等。

尺寸 高度适用范围为10～60cm。

规格 厚度为200～400g。

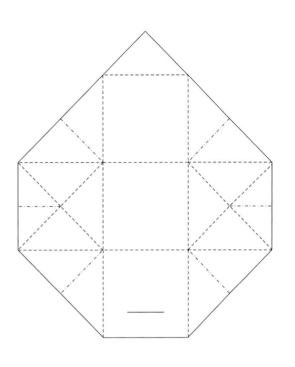

思路 纯折叠纸盒，一纸成型，纸张利用率很高，盒盖闭合时，两侧结构也会自然收紧、并拢。

特点 无粘贴处，造型简洁、立体感强、易成型。

事项 插接部位的结构可发挥想象力进行设计延伸。

范围 食品、文具、纺织品、小礼品等。

尺寸 高度适用范围为8～25cm。

规格 厚度为180～350g。

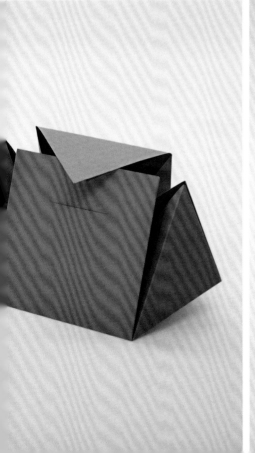

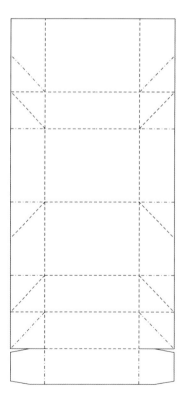

▲ **设计思路** 纯折叠纸盒，一纸成型，纸张利用率很高，依靠纸张之间的摩擦力结构可以非常牢固，沿结构线折叠后即可成型，两个盒子还可以交错摆放，形成一个长方体，有效节约了运输和存储空间。

结构特点 无粘贴处，造型简洁、立体感强。

注意事项 转折线角度必须都是45°。

适用范围 食品、文具、纺织品、小礼品等。

产品尺寸 高度适用范围为10～30cm。

纸张规格 厚度为180～300g。

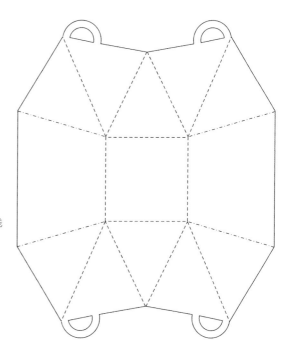

设计思路 纯折叠手提袋,一纸成型,结构牢固,沿结构线折叠后即可成型,有充足的平面设计空间。

结构特点 无粘贴处,造型简洁、立体感强、易成型。

注意事项 用纸量较大,把手的结构可进行设计延伸。

适用范围 食品、文具、纺织品、小礼品。

产品尺寸 高度适用范围为15～25cm。

纸张规格 厚度为200～350g。

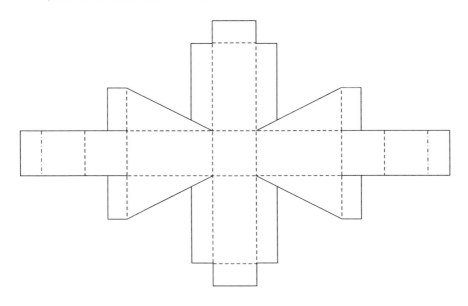

▼ **设计思路** 纯折叠纸盒，一纸成型，纸张利用率很高，结构牢固，沿结构线折叠后即可成型，有充足的平面设计空间。黄色纸盒内部有间隔，形成两个正方体空间。

结构特点 无粘贴处，造型简洁、易成型。

注意事项 用纸量较大，不宜使用太厚的卡纸。

适用范围 食品、文具、化妆品、小礼品。

产品尺寸 纸盒高度适用范围为 8～20cm。

纸张规格 厚度为 160～250g。

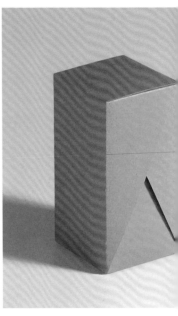

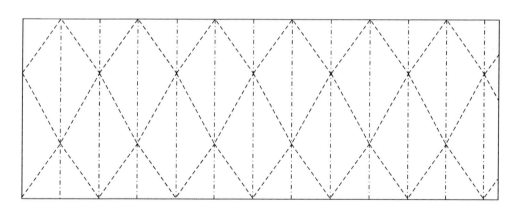

▲ **设计思路** 由若干有规律的点、线、面结合形成的类似核桃造型的纸盒容器，起到了分割空间的作用，不同部位经过对称的切割、折叠后围拢所得到的立体结构形式挺括、简洁，富有秩序的美感。

结构特点 仅有一个粘贴处，造型新颖、易成型。

注意事项 闭合的位置采用黏合方法。

适用范围 食品、文具、小礼品等。

产品尺寸 高度适用范围为 8 ~ 30cm。

纸张规格 厚度为 150 ~ 300g。

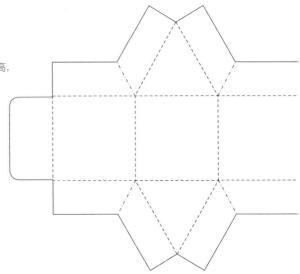

▼**设计思路** 纯折叠纸盒，一纸成型，纸张利用率很高，
结构牢固，有充足的平面设计空间。

结构特点 无粘贴处，造型简洁、易成型。

注意事项 用纸量较大。

适用范围 食品、文具、化妆品、小礼品。

产品尺寸 高度适用范围为 7～20cm。

纸张规格 厚度为 160～350g。

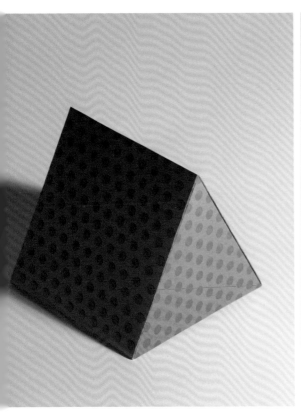

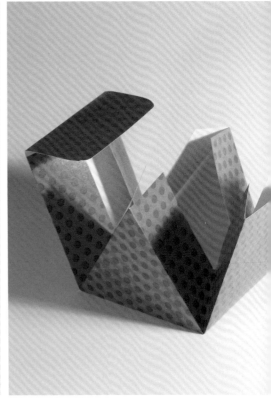

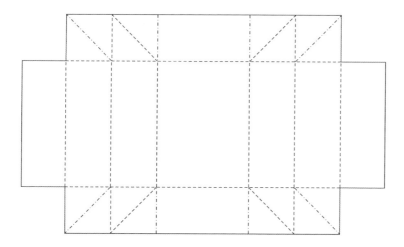

▲ **设计思路** 纯折叠纸盒,一纸成型,纸张利用率很高,依靠纸张之间的摩擦力,结构可以非常牢固,沿结构线折叠后即可成型,有充足的平面设计空间。

结构特点 无粘贴处,造型简洁、易成型。

注意事项 转折线角度必须都是45°。

适用范围 食品、文具、纺织品、小礼品。

产品尺寸 长度适用范围为10～30cm。

纸张规格 厚度为160～350g。

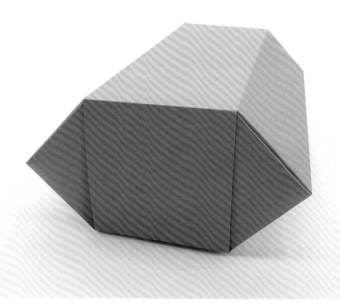

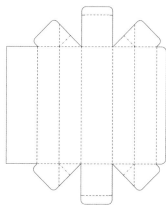

▲**设计思路** 扁六边体纸盒，一纸成型，侧防尘翼采用折叠结构，纸张利用率高。

结构特点 仅有一个粘贴处，造型简洁、易成型。

注意事项 注意插舌和防尘翼之间的咬合关系。

适用范围 食品、文具、纺织品、小礼品。

产品尺寸 高度适用范围为 8～30cm。

纸张规格 厚度为 180～350g。

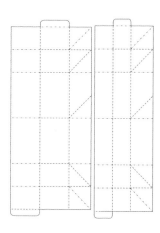

◀**设计思路** 天地盖结构纯折叠纸盒，按折线轨迹折叠即可成型。依靠纸张之间的摩擦力，结构可以非常牢固，两个盒子还可以交错摆放，形成一个长方体。

结构特点 造型别致，节约运输和存储空间。

注意事项 用纸量较大。

适用范围 食品、文具、化妆品、电子产品、小礼品等。

产品尺寸 高度适用范围为 10～20cm。

纸张规格 厚度为 180～300g。

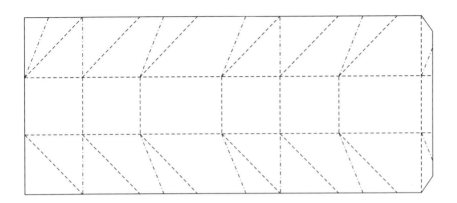

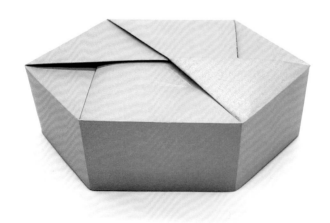

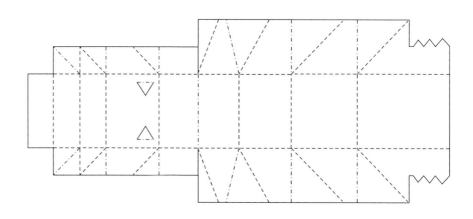

◀▲ 设计思路 第 74 页和本页面两款纸盒的纸张利用率都很高，沿结构线折叠后即可成型。

结构特点 折叠旋转结构装饰性强，但承重力弱。

注意事项 转折线处为非统一角度。

适用范围 食品、文具、小礼品等。

产品尺寸 尺度适用范围为 10 ~ 20cm。

纸张规格 厚度为 180 ~ 250g。

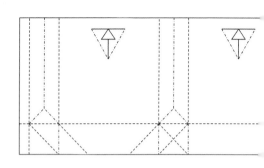

设计思路 一纸成型，结构牢固，设计重点在提手位置，外翻领的结构样式，有充足的平面设计空间。

结构特点 造型简洁、有趣味性、易成型。

注意事项 把手的形状、结构可进行设计创新。

适用范围 食品、生活用品、纺织品、小礼品等。

产品尺寸 高度适用范围为 20 ~ 35cm。

纸张规格 厚度为 200 ~ 300g。

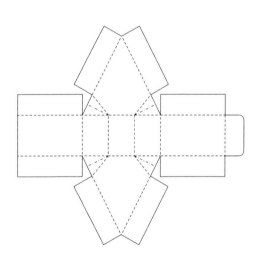

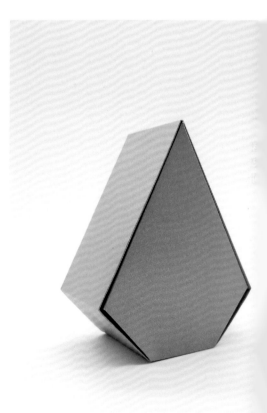

设计思路 纯折叠纸盒，一纸成型，纸张利用率高，结构牢固，沿结构线折叠后即可成型，有充足的平面设计空间。

结构特点 无粘贴处，造型简洁、立体感强。

注意事项 用纸量较大。

适用范围 食品、文具、纺织品、小礼品等。

产品尺寸 高度适用范围为 10 ~ 30cm。

纸张规格 厚度为 200 ~ 350g。

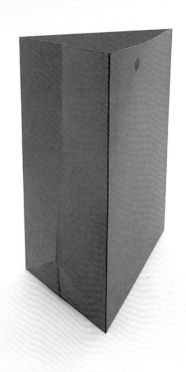

简介 三角体纸袋,一纸成型,结构牢固,盒底为内扣底,外形简洁,有充足的平面设计空间。

特点 造型简洁、立体感强、易成型。

事项 内扣底结构的纸袋在纸袋表面没有折痕,只在底部形成折痕。

范围 食品、生活用品、纺织品、小礼品等。

尺寸 高度适用范围为20~35cm。

厚度 厚度为180~300g。

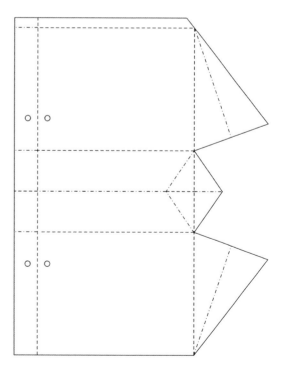

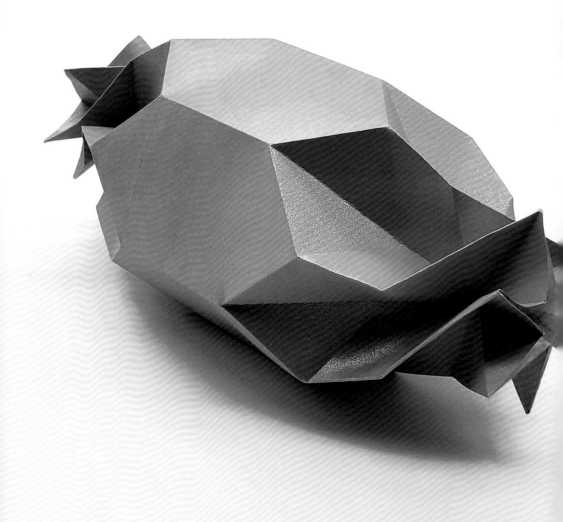

糖果形
旋转闭合
纸盒展示

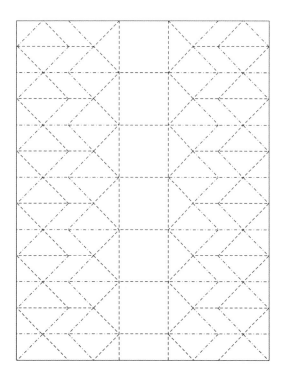

思路 折叠成糖果形状的纸盒, 一纸成型, 形式感强, 旋转闭合的结构与糖纸纽结的闭合结构不谋而合, 具有设计情趣, 有充足的平面设计空间。

特点 造型别致、易成型。

事项 闭合结构的边沿形状可进行设计发挥。

范围 食品、文具、化妆品、小礼品等。

尺寸 长度适用范围为 10 ~ 30cm。

规格 厚度为 180 ~ 350g。

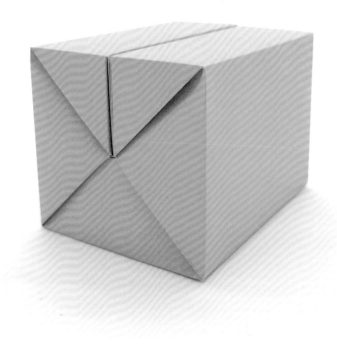

▲ **设计思路** 纯折叠纸盒，一纸成型，纸张利用率很高，依靠纸张之间的摩擦力可以使结构非常牢固，沿虚线折叠后即可成型，有充足的平面设计空间。

结构特点 无粘贴处、造型简洁、立体感强、易成型。

注意事项 转折线角度必须都是45°。

适用范围 食品、文具、纺织品、小礼品等。

产品尺寸 高度适用范围为10~25cm。

纸张规格 厚度为180~300g。

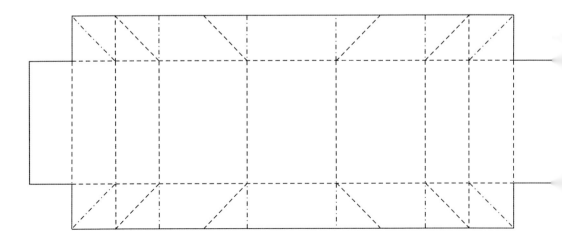

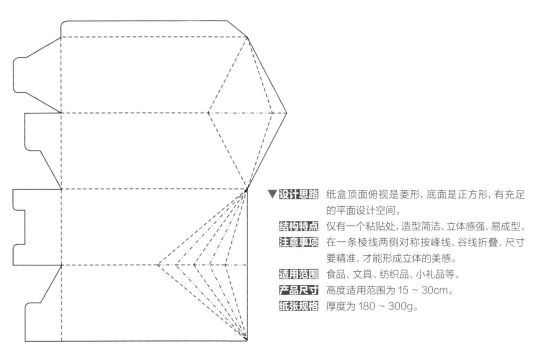

▼ **设计思路** 纸盒顶面俯视是菱形,底面是正方形,有充足的平面设计空间。

结构特点 仅有一个粘贴处,造型简洁、立体感强、易成型。

注意事项 在一条棱线两侧对称按峰线、谷线折叠,尺寸要精准,才能形成立体的美感。

适用范围 食品、文具、纺织品、小礼品等。

产品尺寸 高度适用范围为 15 ~ 30cm。

纸张规格 厚度为 180 ~ 300g。

▼▶**设计思路** 将手提纸袋的侧面结构设计成左右对称的高低起伏直线转折结构，空置时可压成平板状存放，盛装物品时可拉伸开，增加存储空间。

结构特点 造型独特、易成型。

注意事项 手提纸袋侧面的折叠结构必须左右对称，否则无法压成平板状。

适用范围 食品、文具、纺织品、小礼品等。

产品尺寸 高度适用范围为 15～35cm。

纸张规格 厚度为 180～300g。

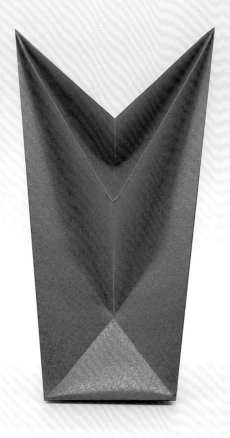

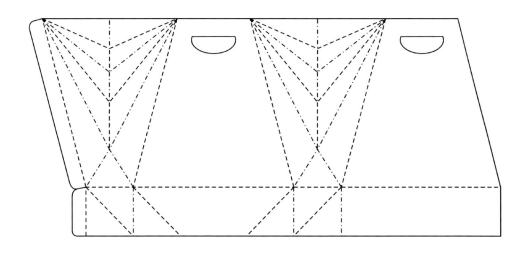

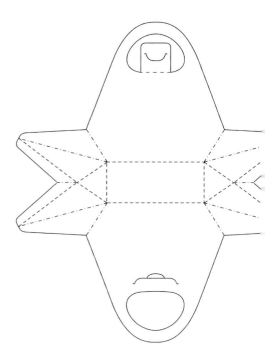

▼ **设计思路** 女士拎包款纯折叠手提盒，一纸成型，插别结构固定
封口的同时两侧折叠结构也会自然收紧、并拢。

结构特点 无粘贴处，造型别致、易成型。

注意事项 对于外观造型，可发挥想象力进行设计改造。

适用范围 食品、文具、纺织品、小礼品等。

产品尺寸 高度适用范围为 15～30cm。

纸张规格 厚度为 180～350g。

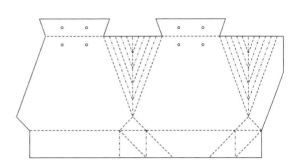

▷ **设计思路** 将手提纸袋的侧面设计成左右对称的高低起伏直线转折结构，空置时可压成平板状存放，盛装物品时可拉伸开，增加存储空间。

结构特点 造型独特、易成型。

注意事项 手提纸袋侧面的折叠结构必须左右对称，否则无法压成平板状。

适用范围 食品、文具、纺织品、小礼品等。

产品尺寸 高度适用范围为 15 ~ 35cm。

纸张规格 厚度为 180 ~ 300g。

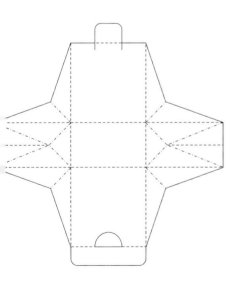

思路 纯折叠纸盒，一纸成型，纸张利用率高，结构牢固，盒盖闭合时，两侧结构也同时收紧、并拢，有充足的平面设计空间。

点 无粘贴处，造型简洁、立体感强、易成型。

项 插口位置的半圆形可进行设计创新。

围 食品、文具、纺织品、小礼品等。

寸 高度适用范围为 15 ~ 35cm。

格 厚度为 180 ~ 300g。

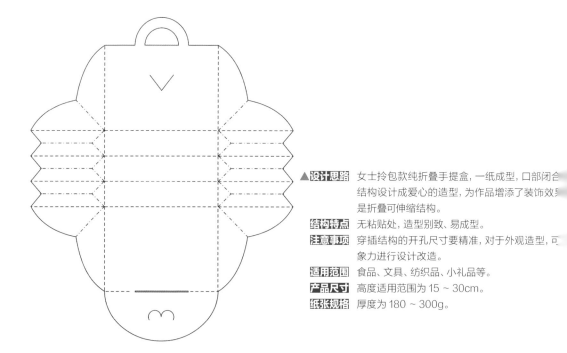

▲**设计思路** 女士拎包款纯折叠手提盒，一纸成型，口部闭合
结构设计成爱心的造型，为作品增添了装饰效果
是折叠可伸缩结构。

结构特点 无粘贴处，造型别致、易成型。

注意事项 穿插结构的开孔尺寸要精准，对于外观造型，可
象力进行设计改造。

适用范围 食品、文具、纺织品、小礼品等。

产品尺寸 高度适用范围为 15～30cm。

纸张规格 厚度为 180～300g。

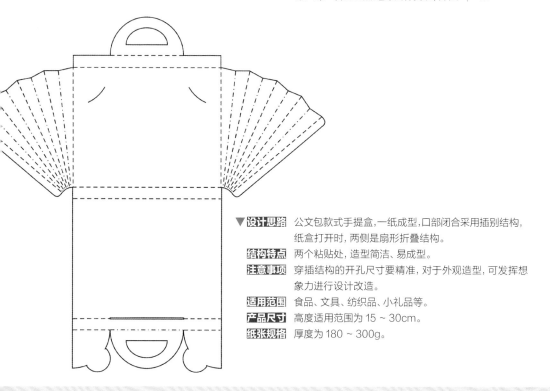

▼ **设计思路** 公文包款式手提盒,一纸成型,口部闭合采用插别结构,
纸盒打开时,两侧是扇形折叠结构。

结构特点 两个粘贴处,造型简洁、易成型。

注意事项 穿插结构的开孔尺寸要精准,对于外观造型,可发挥想
象力进行设计改造。

适用范围 食品、文具、纺织品、小礼品等。

产品尺寸 高度适用范围为 15～30cm。

纸张规格 厚度为 180～300g。

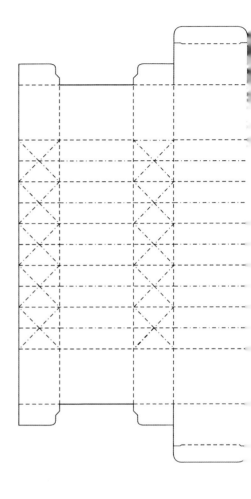

◀ **设计思路** 纸盒中间部分的折叠伸缩结构类似手风琴
结构，完全伸展平整之后，把四条棱线推出，
扁体摇盖盒。

结构特点 仅有一个粘贴处，造型新颖、易成型。

注意事项 在折叠线完全伸展之前，两端盒体是被阻断

适用范围 食品、文具、纺织品、小礼品等。

产品尺寸 高度适用范围为 12～30cm。

纸张规格 厚度为 150～250g。

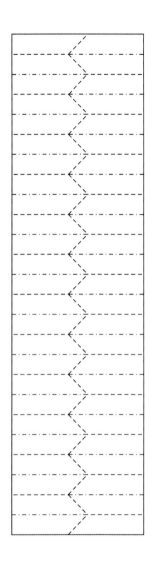

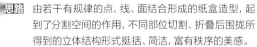 由若干有规律的点、线、面结合形成的纸盒造型，起
到了分割空间的作用，不同部位切割、折叠后围拢所
得到的立体结构形式挺括、简洁，富有秩序的美感。

特点 仅有一个粘贴处，造型新颖、易成型。

事项 闭合方法可采用黏合或打孔穿绳。

范围 食品、文具、小礼品。

尺寸 高度适用范围为 8～30cm。

规格 厚度为 150～250g。

▼▶ **设计思路** 橄榄形的纸盒容器作品，由若干有规律的点、线、面结合形成，将体面合理分割，不同部位经
过对称折叠、围绕形成的立体结构形式挺括、简洁，富有秩序的美感。

结构特点 仅有一个粘贴处，造型新颖、易成型。

注意事项 闭合方法可采用黏合或打孔穿绳。

适用范围 食品、文具、小礼品、纺织品等。

产品尺寸 长度适用范围为 8～30cm。

纸张规格 厚度为 160～300g。

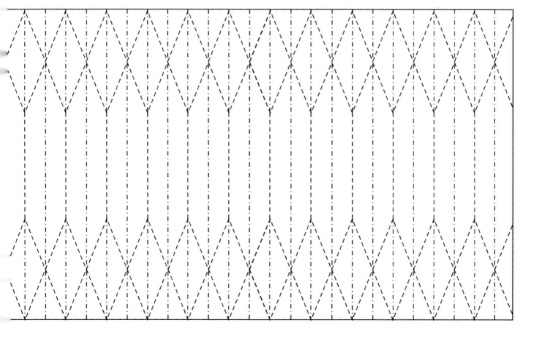

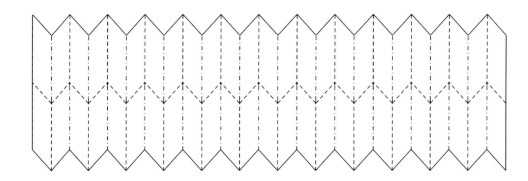

▼ **设计思路** 由若干有规律的点、线、面结合形成的纸盒造型，起到了分割空间的作用，不同部位切割、折叠后围拢所得到的立体结构形式挺括、简洁，富有秩序的美感。

结构特点 仅有一个粘贴处，造型新颖、易成型。

注意事项 闭合方法可采用黏合或打孔穿绳。

适用范围 食品、文具、小礼品等。

产品尺寸 长度适用范围为 8～30cm。

纸张规格 厚度为 150～250g。

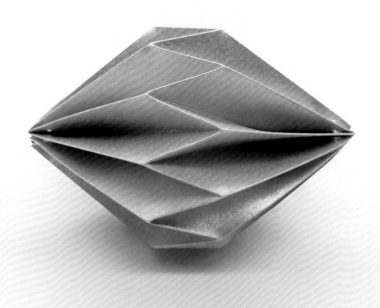

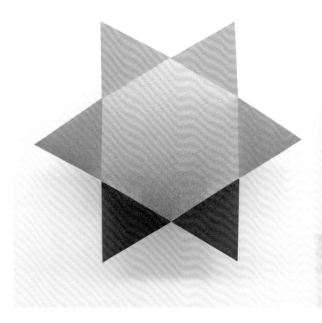

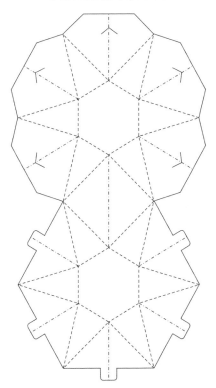

▲ **设计思路**　纸盒顶面俯视的形状是六角星形，折叠线都是
　　　　　　直线条，有充足的平面设计空间。

结构特点　无粘贴处，造型简洁、立体感强、易成型。

注意事项　固定方式选择插接，也可通过粘贴或捆绑方式
　　　　　　来固定。

适用范围　食品、文具、纺织品、小礼品等。

产品尺寸　高度适用范围为 10 ～ 25cm。

纸张规格　厚度为 180 ～ 300g。

▲ **设计思路** 将手提纸袋的侧面设计成对称式点线结合的结构，空置时可压成平板状存放，盛装物品时可拉伸开，增加存储空间。

结构特点 造型独特、易成型。

注意事项 手提纸袋侧面的折叠结构必须左右对称，否则无法压成平板状。

适用范围 食品、文具、纺织品、小礼品等。

产品尺寸 高度适用范围为 15 ~ 40cm。

纸张规格 厚度为 160 ~ 250g。

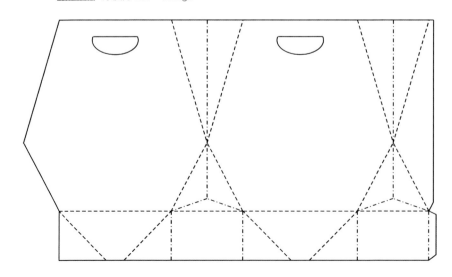

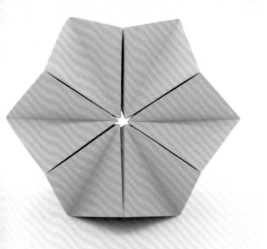

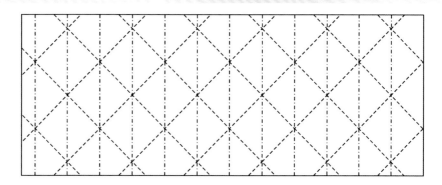

◀▲**设计思路** 纸盒顶面俯视的形状是六角星形，由若干有规律的点线面结合形成纸盒造型，起到了分割空间的作用，不同部位折叠、围拢后所得到的立体结构形式挺括、简洁，富有秩序的美感。

结构特点 仅有一个粘贴处，造型新颖、易成型。

注意事项 闭合可采用黏合方法。

适用范围 食品、文具、小礼品等。

产品尺寸 高度适用范围为 5～20cm。

纸张规格 厚度为 160～300g。

▲**设计思路** 球形的纸盒容器作品，由若干有规律的点线面结合形成，将球形体面合理分割，不同部位经
过对称折叠、围绕形成的立体结构形式挺括、简洁，富有秩序的美感。

结构特点 仅有一个粘贴处，造型新颖、易成型。

注意事项 闭合方法可采用黏合或打孔穿绳。

适用范围 食品、文具、小礼品、纺织品等。

产品尺寸 高度适用范围为 8 ~ 30cm。

纸张规格 厚度为 160 ~ 300g。

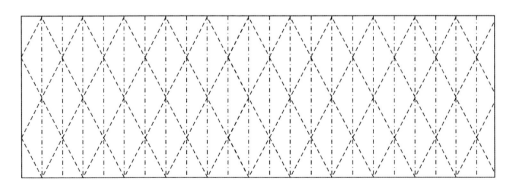

第三节　纸品包装转折结构上的改变

基本款的纸品包装转折结构即棱的结构都是水平横折或竖直竖折，棱上的改造可以通过弧度折线、斜向折线和切割的方法来完成。

一、折线

在纸品包装的基本形态中，转折的棱都是直线。在异形纸品包装的设计中，棱可以变成弧线、斜线或弧线与斜线相结合的形式（第105页图），这样制作出来的纸盒可以呈现出许多意想不到的造型样式。若运用弧线或弧线与斜线组合的方法，制作完成的盒体从正面和侧面观看，呈现出的立体造型会截然不同，有很独特的立体形态和强烈的视觉识别性。

以第131页上的女士内衣包装盒设计为例，笔者在设计时没有采用市面上内衣包装常见的天地盖式纸盒包装，在立体造型上利用棱上的弧线把包装盒和女性人体两个空间相重叠，配合手绘水彩图案，勾起一份情趣。包装盒上下两端皆有开口，打开盖子后可将内衣轻松取出，一纸成型，只有一个粘贴处。这个设计的主要特点是制作工艺简单、气氛愉悦，可以为消费者带来清新、美好的心境，提升了包装盒的趣味性和想象空间，带给消费者的愉悦心情是传统包装盒无法比拟的。同时这款包装盒也考虑了空间的利用问题，盒体的凹凸结构可以相互交错摆放，能够更好地节约存储空间和运输成本，在满足视觉效果的同时也考虑了成本因素，避免了一些异形纸盒由于片面注重多变的造型，在运输和存储时浪费空间的问题，减少了不必要的成本支出。

二、切割

切割可以对棱线进行变化。切割通常有两种方法。

第一种方法是在棱的两侧对称横向切割并连通，再将原本凸起的棱线向盒体内部推入，使棱分段向内凹陷，在棱上出现高低起伏，可以增加棱线的形式感（如第112页上的圣诞树型纸盒）。

第二种方法是在棱的一侧切割，刻画出一种抽象或具象形态，保持棱线的连贯性。这种切割方式通常在运输时是以半成品形式按平板状运输，销售展示时把切割的形态从原平面上剥离开，与之形成90°，被切割的部分形成镂空，可以看到盒体内部（如第103页上的纸盒）。

以下是在纸品包装转折结构上改变的示范作品。

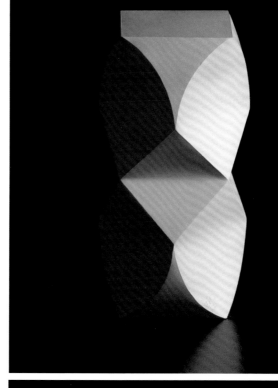

设计思路 盒子的顶盖和底部都是正方形，在侧立面上用弧线与直线交替转折，使表面产生丰富的变化，使结构呈现独特的形式感。

结构特点 仅有一处粘贴处，简洁、易成型。

注意事项 侧面的立体结构有起伏，纸张若太厚结构不挺括，太薄则易受损。

适用范围 食品、文具、小礼品等。

产品尺寸 高度适用范围为 10 ～ 20cm。

纸张规格 厚度为 150 ～ 200g。

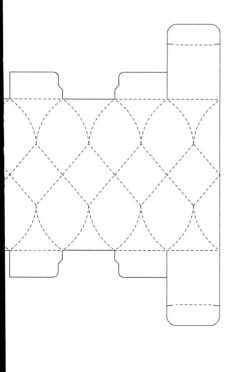

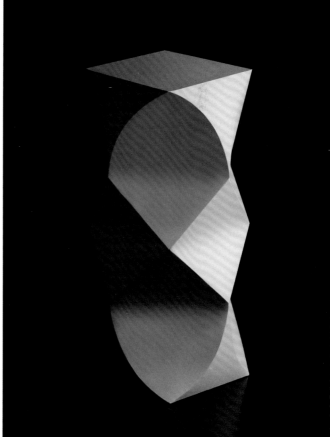

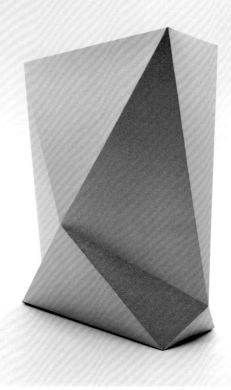

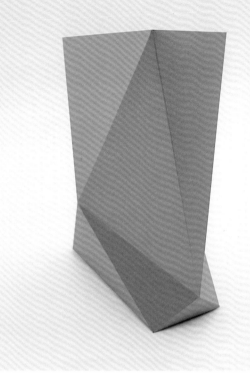

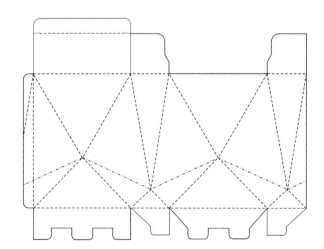

▲ **设计思路**　将纸盒的4个面都设计成对称式的点、线、面相结合的结构，有强烈的体面转折感，增强了视觉吸引力。

结构特点　造型独特、易成型。

注意事项　由于前面板的形状不规则，因此插舌在插入盒体时会遇到阻力，但仍不可将插舌的形状改为梯形。

适用范围　食品、文具、纺织品、小礼品等。

产品尺寸　高度适用范围为12～30cm。

纸张规格　厚度为160～250g。

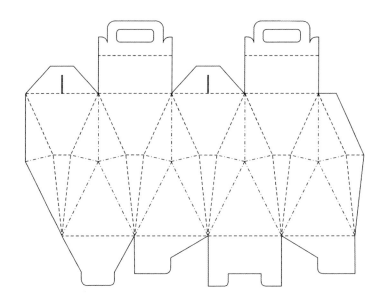

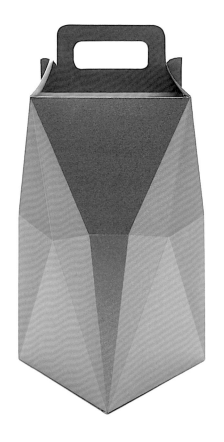

◄ **设计思路** 通过折叠将纸盒表面塑造成星钻造型的转面，立体感强，增强了视觉吸引力。

结构特点 仅有一个粘贴处，造型独特、易成型。

注意事项 底部采用插别锁合底，不适宜放过重的物体。

适用范围 食品、文具、纺织品、小礼品等。

产品尺寸 高度适用范围为 12～30cm。

纸张规格 厚度为 160～250g。

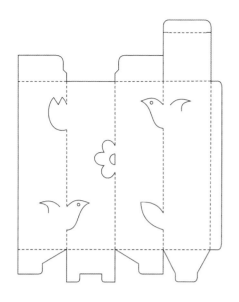

▼ **设计思路** 在棱的一侧切割,刻画出小鸟、花朵、树叶的形态,保持棱线的连贯性。这种切割方式在运输时可以半成品形式平板状运输,销售展示时再立体展示。

结构特点 仅有一个粘贴处,造型独特、易成型。

注意事项 被切割的部分形成镂空,可以看到盒体内部。

适用范围 食品、文具、纺织品、小礼品等。

产品尺寸 高度适用范围为 12～25cm。

纸张规格 厚度为 160～250g。

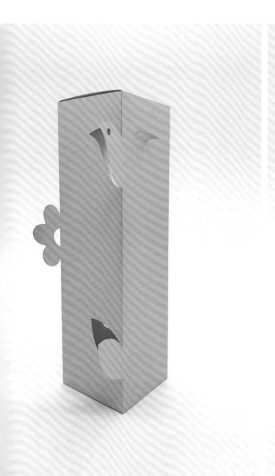

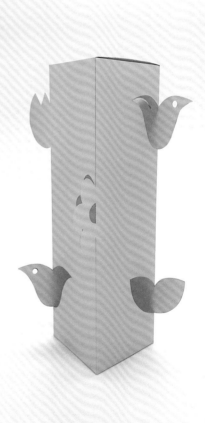

▶ **设计思路** 运用弧线增加纸盒的体面变化，盒子顶盖拱起的
装饰结构与盒体的弧度相呼应，使结构更加完整。

结构特点 仅有一个粘贴处，造型简洁、易成型。

注意事项 盒顶拱起的结构尺寸要精准，否则无法准确插接；
插舌两端的形状要根据盒体内壁的角度调整。

适用范围 食品、文具、小礼品等。

产品尺寸 高度适用范围为 7 ~ 20cm。

纸张规格 厚度为 150 ~ 300g。

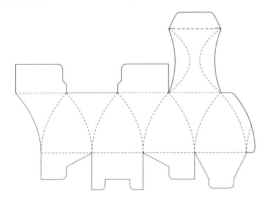

◀ **设计思路** 六棱柱纸盒的每条棱的两侧都用两条弧线
形成拱起和凹陷的体面变化，使结构层次更
富，缓和的弧度和多层次的体面关系增强了
的形式感和视觉吸引力。

结构特点 仅有一个粘贴处，造型独特、易成型。

注意事项 盒盖采用摇盖闭合结构，也可根据需要使用
闭合方式。

适用范围 食品、文具、纺织品、小礼品等。

产品尺寸 高度适用范围为 12 ~ 25cm。

纸张规格 厚度为 160 ~ 250g。

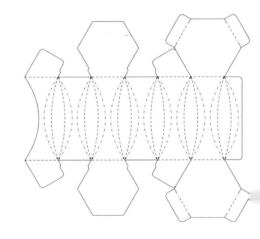

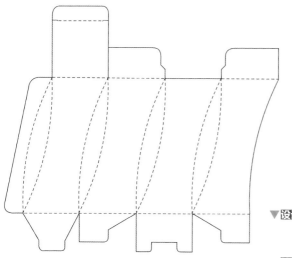

▼ **设计思路**　盒体顶面和底面角度交错 45°，棱用两条弧线替代，增加了纸盒的体面变化，使结构更加柔和，富于变化。

结构特点　仅有一个粘贴处，造型简洁、易成型。

注意事项　底部采用插别结构，不适宜放过重的物体。

适用范围　食品、文具、小礼品等。

产品尺寸　高度适用范围为 7 ~ 20cm。

纸张规格　厚度为 150 ~ 300g。

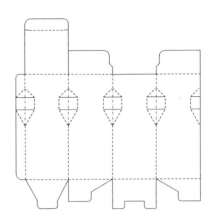

设计思路 在棱的两侧对称横向切割直线并连通，再将原本凸起的棱线向盒体内部推入，有的部分是用对称的切割线与对称的山线结合使棱向内倾斜凹陷，可以增强棱线的形式感和视觉吸引力。

结构特点 仅有一个粘贴处，造型独特、易成型。

注意事项 被切割的部分形成镂空，可以看到盒体内部。

适用范围 食品、文具、纺织品、小礼品等。

产品尺寸 高度适用范围为 12～25cm。

纸张规格 厚度为 180～300g。

▶ **设计思路** 通过折叠增加了棱线和盒面的体面转折，增强了形式感和视觉吸引力。

结构特点 仅有一个粘贴处，造型独特、易成型。

注意事项 底部采用插别结构，不适宜放过重的物体。

适用范围 食品、文具、纺织品、小礼品等。

产品尺寸 高度适用范围为 12～25cm。

纸张规格 厚度为 180～300g。

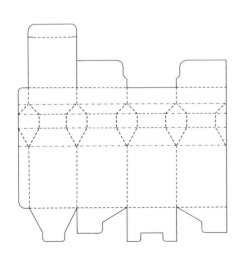

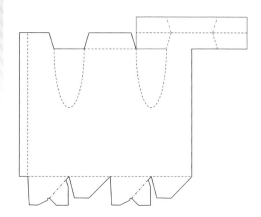

◀设计思路 运用弧线增加纸盒的体面变化，盒盖闭合结构
做成衣领的结构，增加了纸盒的趣味性。

结构特点 造型别致、易成型。

注意事项 衣领部位的固定方法可采用黏合或系装饰绳。

适用范围 食品、文具、小礼品等。

产品尺寸 高度适用范围为 12 ～ 30cm。

纸张规格 厚度为 180 ～ 300g。

思路 运用弧线增加纸盒的体面变化，纸盒闭合结构
做成一字形结构，使用装饰绳固定。

特点 造型别致、易成型。

事项 闭合方法也可采用黏合或一次性防伪包装结构。

范围 食品、文具、小礼品等。

尺寸 高度适用范围为 12 ～ 30cm。

规格 厚度为 180 ～ 300g。

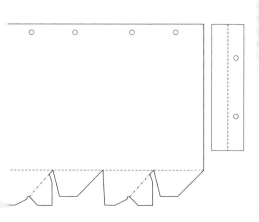

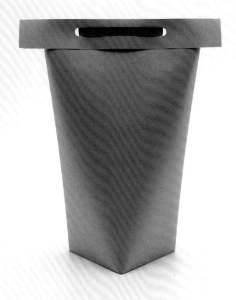

▼ **设计思路** 旋转抽屉式盒，盒体的棱线都是斜线，由匣套与抽匣组成。向外
抽拉的过程中，抽匣的运行角度会沿匣套上棱线的角度而倾斜，
匣套表面有丰富的平面装饰空间，结构牢固，使用方便。

结构特点 匣套有一个粘贴处，抽匣仅依靠折叠即可成型。

注意事项 匣套与抽匣需保证足够的摩擦力，否则容易脱开。

适用范围 食品、文具、纺织品、小礼品等。

产品尺寸 长度适用范围为 8 ~ 30cm。

纸张规格 厚度为 180 ~ 300g。

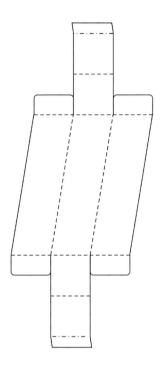

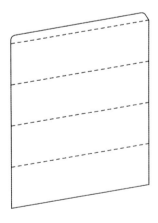

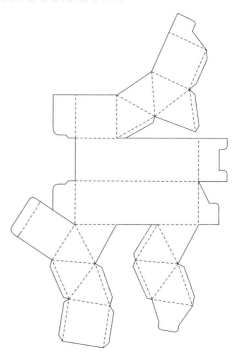

▲▲ **设计思路** 通过折叠将纸盒的体面塑造成角钻造型的立体转折面，呈现出强烈的体面转折感，增强了视觉吸引力。

结构特点 粘贴处较多，造型独特。

注意事项 底部采用插别结构，不适宜放过重的物体。

适用范围 食品、文具、纺织品、小礼品等。

产品尺寸 高度适用范围为 12～30cm。

纸张规格 厚度为 180～300g。

▲ **设计思路** 纸盒的顶面是三角形，采用莲花钮结构闭合；底面是六边形，采用插接结构闭合。纸盒顶面的转折点到底面的转折点之间无相连接的棱线，运用弧面实现纸盒的体面变化。

结构特点 仅有一个粘贴处，造型别致、易成型。

注意事项 闭合方法不唯一，可进行设计拓展。

适用范围 食品、文具、小礼品等。

产品尺寸 高度适用范围为12～30cm。

纸张规格 厚度为180～300g。

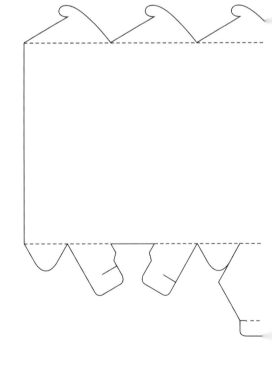

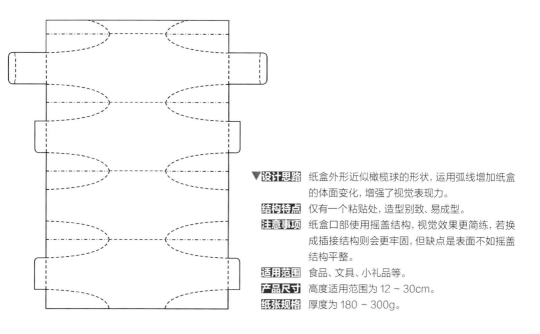

▼**设计思路** 纸盒外形近似橄榄球的形状，运用弧线增加纸盒的体面变化，增强了视觉表现力。

结构特点 仅有一个粘贴处，造型别致、易成型。

注意事项 纸盒口部使用摇盖结构，视觉效果更简练，若换成插接结构则会更牢固，但缺点是表面不如摇盖结构平整。

适用范围 食品、文具、小礼品等。

产品尺寸 高度适用范围为 12 ~ 30cm。

纸张规格 厚度为 180 ~ 300g。

◀ **设计思路** 这款纸盒由弧面包裹，造型圆润、简洁，左右两侧盒体结构以插接方式固定，同时承担对顶部弧面的支撑。盒体表面给平面设计预留了充足的展示空间。

结构特点 无粘贴处，造型简洁、可快速成型。

注意事项 结构装饰性强，不适宜盛放重物。

适用范围 食品、文具、礼品等。

产品尺寸 高度适用范围为 10～20cm。

纸张规格 厚度为 180～250g。

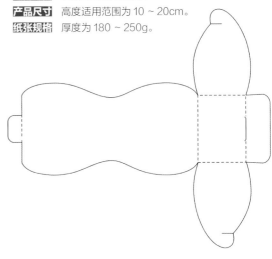

◀ **设计思路** 这款倒梯形手提盒造型简洁大方，按折叠线压折可快速成型，盒体表面给平面设计预留了足够的展示空间。

结构特点 仅有一个粘贴处，造型简洁、易成型。

注意事项 盒底采用自动锁合式封底，可承受较重物品。

适用范围 食品、纺织品、文具、酒水、礼品、电子商品等。

产品尺寸 高度适用范围为 15～30cm。

纸张规格 厚度为 200～350g。

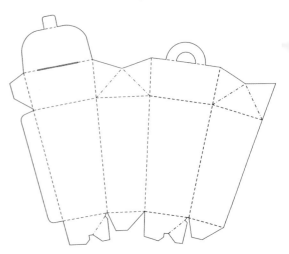

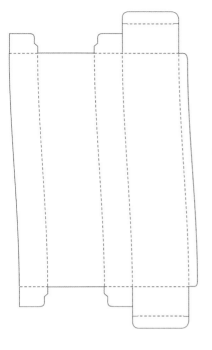

▼ **设计思路**　从盒顶到盒底的棱线使用平行的曲线，盒体形成有规律的扭曲和旋转，具有特别的美感，盒体表面有丰富的平面装饰空间。

结构特点　盒体仅有一个粘贴处，造型别致、易成型。

注意事项　曲线弧度不宜过大，否则难以成型。

适用范围　食品、文具、纺织品、化妆品、小礼品等。

产品尺寸　高度适用范围为 15～30cm。

纸张规格　厚度为 180～300g。

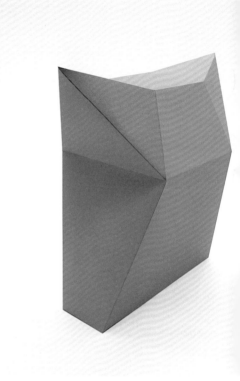

▲ **设计思路** 通过折叠将纸盒的体面塑造成各种转折面，呈现出强烈的体面转折感，增强了视觉吸引力。

结构特点 仅有一个粘贴处，造型独特、易成型。

注意事项 底部采用插别结构，不适宜放过重的物体。

适用范围 食品、文具、纺织品、小礼品等。

产品尺寸 高度适用范围为 12～30cm。

纸张规格 厚度为 180～300g。

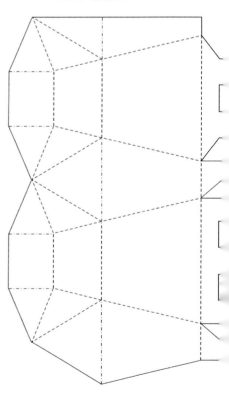

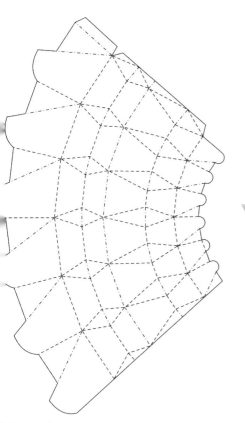

▼ **设计思路** 盒顶和盒底都选择旋转闭合结构, 盒体表面由对称的转折线塑造成有规律的体面转折结构, 具有特别的美感, 盒体表面有充足的平面装饰空间。

结构特点 仅有一个粘贴处, 造型独特、使用方便。

注意事项 闭合结构的尺寸设定需精准。

适用范围 食品、文具、纺织品、化妆品、小礼品等。

产品尺寸 高度适用范围为 10 ~ 25cm。

纸张规格 厚度为 180 ~ 300g。

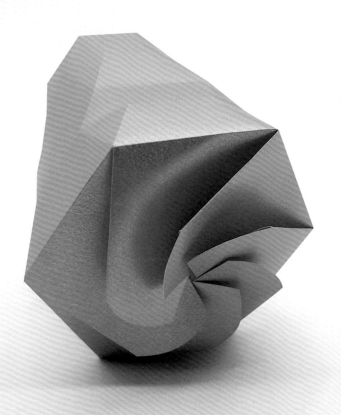

▲ **设计思路** 沿结构线折叠即可拼合成爱心形状的纸盒，有强烈的形式感，增强了视觉吸引力。

结构特点 无粘贴处，造型简洁、易成型。

注意事项 闭合结构使用了打孔系装饰绳的方法。

适用范围 喜糖、文具、纺织品、小礼品等。

产品尺寸 高度适用范围为12～30cm。

纸张规格 厚度为160～300g。

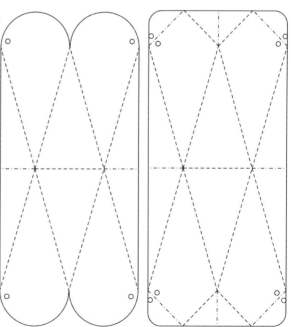

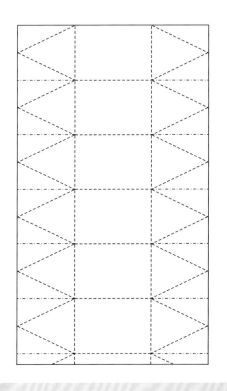

▼ **设计思路** 沿结构线折叠可形成体面转折，纸张利用率高，由 6 个矩形、12 个三角形组合形成的纸盒，造型饱满，形式简洁。

结构特点 仅有一个粘贴处，造型新颖、易成型。

注意事项 闭合可采用黏合或打孔穿绳的方法。

适用范围 食品、文具、纺织品、电子产品、礼品等。

产品尺寸 高度适用范围为 8 ~ 25cm。

纸张规格 厚度为 180 ~ 300g。

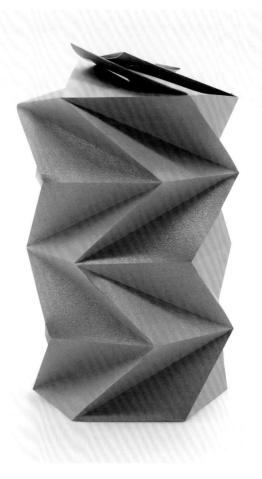

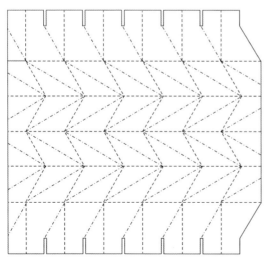

设计思路 将六棱柱形纸盒的体面合理分割, 不同部位经过对称或平行的折叠、围绕形成了复杂的体面转折, 结构形式挺括、干练, 富有秩序的美感。

结构特点 仅有一个粘贴处, 造型新颖、易成型。

注意事项 若想竖立摆放则底部不适宜使用旋转闭合结构, 可以采用插接或黏合的办法。

适用范围 食品、文具、小礼品、纺织品等。

产品尺寸 高度适用范围为 15 ~ 30cm。

纸张规格 厚度为 180 ~ 300g

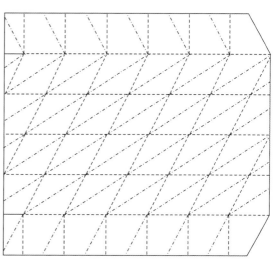

◀ **设计思路** 纸盒顶面俯视的形状是六角星形,天地盖结构,体面感强,有充足的平面设计空间。

结构特点 粘贴处多, 造型别致、形式感强, 工艺较复杂。

注意事项 盒盖和盒底要保证有一定的摩擦力, 否则容易脱开。

适用范围 食品、文具、鲜花、纺织品、电子产品、礼品等。

产品尺寸 高度适用范围为 10 ~ 20cm。

纸张规格 厚度为 200 ~ 350g。

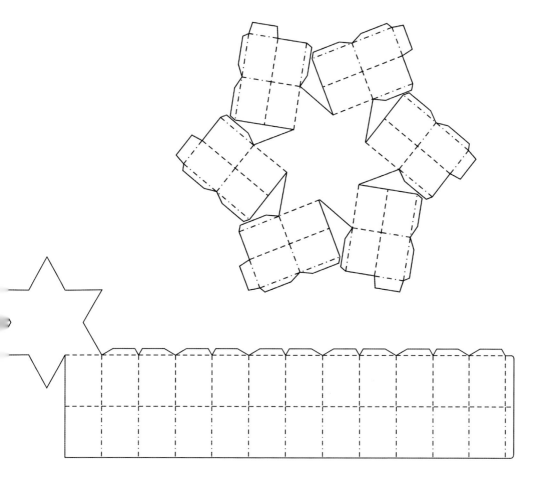

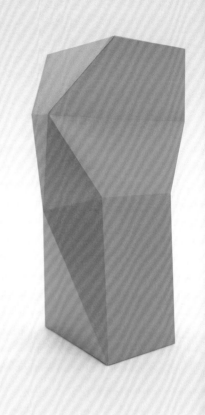

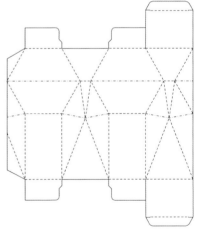

▲ **设计思路** 将纸盒的4个面都设计成对称式的点线面的结构，有强烈的体面转折感，增强了视觉。

结构特点 造型独特、易成型。

注意事项 由于前面板的形状不规则，因此插舌在插时会遇到阻力，需将插舌的形状改为梯形。

适用范围 食品、文具、纺织品、小礼品等。

产品尺寸 高度适用范围为12～30cm。

纸张规格 厚度为180～300g。

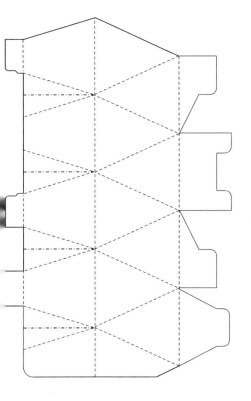

▼**设计思路** 通过折叠将纸盒塑造成对称的立体切面, 呈现出强烈的体面转折感, 增强了视觉吸引力。

结构特点 仅有一个粘贴处, 造型独特、易成型。

注意事项 底部采用插别结构, 不适宜放过重的物体。

适用范围 食品、文具、酒水、纺织品、小礼品等。

产品尺寸 高度适用范围为 12 ~ 30cm。

纸张规格 厚度为 180 ~ 300g。

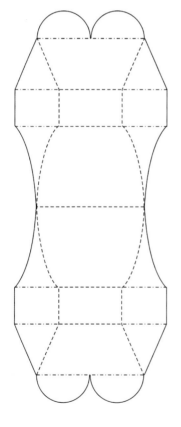

▲ **设计思路** 女性超短连衣裙款式的纸盒造型，利用弧线和直线将女性的躯干线条完美演绎在纸盒结构上，既巧妙又有趣。

结构特点 不需粘贴，造型简练、易成型。

注意事项 折线和切割线的造型还可以进行设计延伸。

适用范围 食品、服饰、纺织品等。

产品尺寸 高度适用范围为 8～35cm。

纸张规格 厚度为 150～350g。

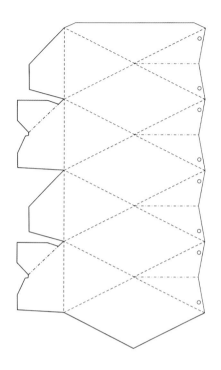

▼ **设计思路**　通过折叠将纸盒的体面塑造成立体转折面，呈现出强烈的体面转折感，增强了视觉吸引力。

结构特点　仅有一个粘贴处，造型独特、易成型。

注意事项　根据产品的需要，可采取多种闭合结构。

适用范围　食品、文具、酒水、纺织品、小礼品等。

产品尺寸　高度适用范围为 12～30cm。

纸张规格　厚度为 180～300g。

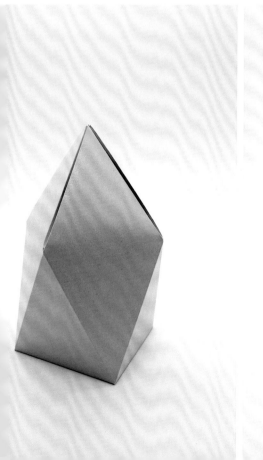

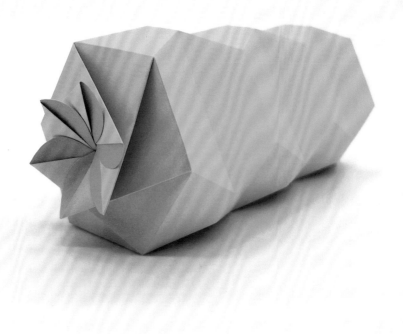

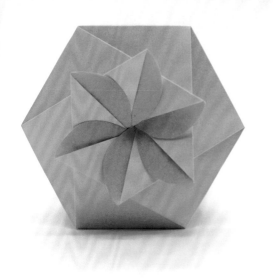

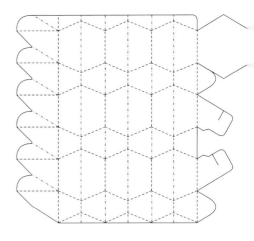

▲ **设计思路** 盒顶选择旋转闭合结构，盒底选择插接闭合
盒体表面由对称的转折线塑造成有规律的体面
具有特别的美感，盒体表面有充足的平面装饰

结构特点 仅有一个粘贴处、造型独特、使用方便。

注意事项 闭合结构的尺寸设定需精准。

适用范围 食品、文具、纺织品、化妆品、小礼品等。

产品尺寸 高度适用范围为 10 ~ 25cm。

纸张规格 厚度为 180 ~ 300g。

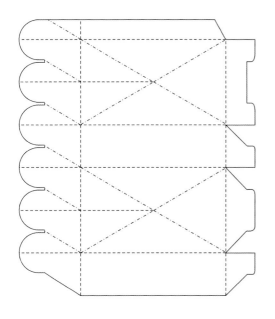

▼ **设计思路** 盒顶是六边形，使用旋转闭合结构；盒底是长方形，使用插别锁合底。盒体由对称的转折线塑造成有规律的体面转折，具有特别的美感，盒体表面有充足的平面装饰空间。

结构特点 仅有一个粘贴处，造型独特、使用方便。

注意事项 闭合结构的尺寸设定需精准。

适用范围 食品、文具、纺织品、化妆品、小礼品等。

产品尺寸 高度适用范围为 10 ~ 25cm。

纸张规格 厚度为 180 ~ 300g。

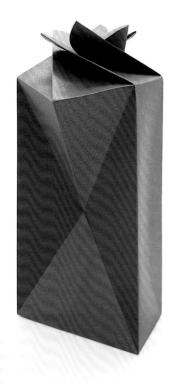

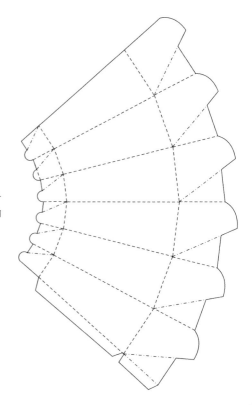

设计思路 盒顶和盒底都选择旋转闭合结构，盒体表面由 6 个梯形围绕合拢，具有特别的美感，盒体表面有充足的平面装饰空间。

结构特点 仅有一个粘贴处，造型独特、使用方便。

注意事项 闭合结构的尺寸设定需精准。

适用范围 食品、文具、纺织品、化妆品、小礼品等。

产品尺寸 高度适用范围为 10～25cm。

纸张规格 厚度为 180～300g。

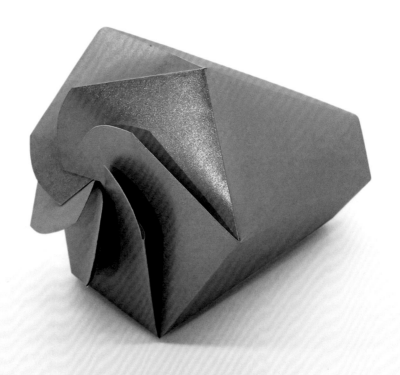

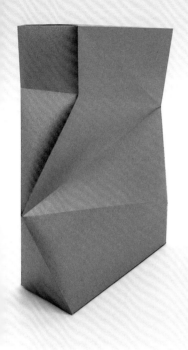

▲ **设计思路**　纸盒的前后两个面是不对称的点、线、面相结合的结构，左右两个侧面上的点、线、面结构是左右对称的，有强烈的体面转折感，增强了视觉吸引力。

结构特点　仅有一个粘贴处，造型独特、易成型。

注意事项　由于前面板的形状不规则，插舌在插入盒体时会遇到阻力，但不需改变插舌的形状。

适用范围　食品、文具、纺织品、小礼品等。

产品尺寸　高度适用范围为 12～30cm。

纸张规格　厚度为 180～300g。

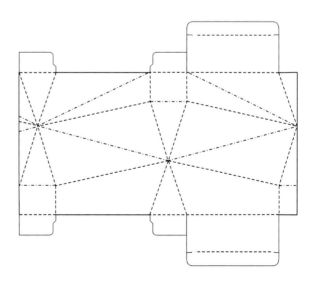

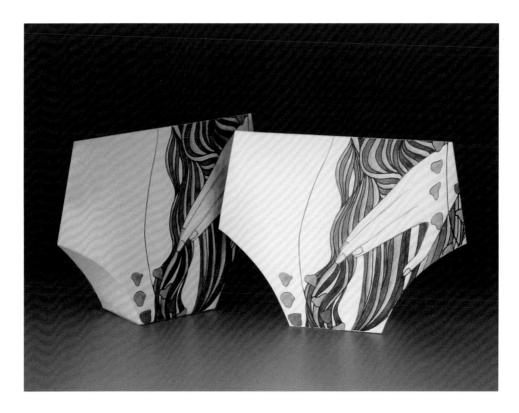

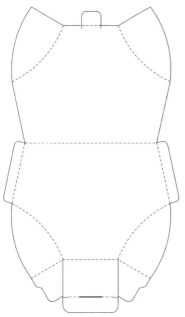

▲ **设计思路** 为女士内裤设计的专属包装盒，利用直线和弧线压折形成内裤的造型，有充足的平面设计表现空间，创意独特巧妙。

结构特点 两个粘贴处，造型简练、易成型。

注意事项 可压成平板状运输。

适用范围 内裤。

产品尺寸 高度适用范围为 10 ~ 20cm。

纸张规格 厚度为 180 ~ 300g。

设计思路 为女士内衣设计的包装盒,利用曲线压折形成女性人体的柔美轮廓,配合含蓄、幽默的图形设计突显内部产品的商品属性,既巧妙又有趣。

结构特点 仅有一个粘贴处,造型简练、易成型。

注意事项 曲线的弧度不可太大,否则既影响美观也不利于携带。

适用范围 服饰、纺织品。

产品尺寸 高度适用范围为15～30cm。

纸张规格 厚度为150～350g。

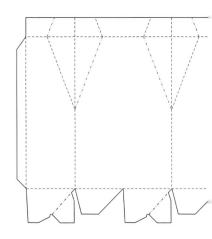

▶**设计思路** 盒盖闭合结构做成衣领的形状,增加了纸盒趣味性,底部采用自动锁合式封底,可折叠平板状运输。

结构特点 仅有一个粘贴处,造型别致、易成型。

注意事项 衣领部位的固定方法可采用黏合或系装饰绳。

适用范围 食品、文具、小礼品等。

产品尺寸 高度适用范围为 12 ~ 30cm。

纸张规格 厚度为 180 ~ 300g。

▶**设计思路** 顶面是正方形,底面是八边形,通过折叠将纸盒的体面均匀分割,呈现出有序的体面转折效果,增强了视觉吸引力。

结构特点 造型独特、易成型。

注意事项 底部采用旋转插别结构,不适宜放过重的物体。

适用范围 食品、文具、纺织品、小礼品等。

产品尺寸 高度适用范围为 12 ~ 30cm。

纸张规格 厚度为 180 ~ 300g。

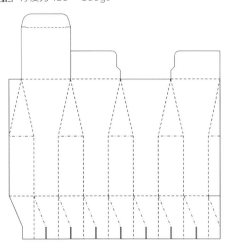

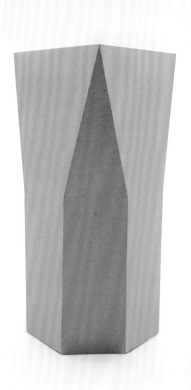

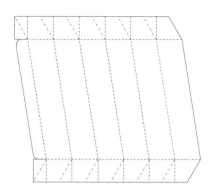

 设计思路 从盒顶到盒底的棱线使用平行的斜线,盒体形成有规律的扭转,具有特别的美感,盒体表面有丰富的平面装饰空间。

结构特点 仅有一个粘贴处,造型独特、易成型。

注意事项 如需竖立摆放,底部需改成插接闭合结构。

适用范围 食品、文具、纺织品、化妆品、小礼品等。

产品尺寸 高度适用范围为 15 ~ 30cm。

纸张规格 厚度为 180 ~ 300g。

思路 将纸盒上半部分结构折叠成屋顶形,闭合结构设计成衣领的形状,底部采用自动锁合式封底,盒体表面给平面设计预留了充足的展示空间。

特点 仅有一个粘贴处,造型简洁、易成型。

事项 可折叠成平板状运输。

范围 适合存放食品、酒水、化妆品等。

尺寸 高度适用范围为 15 ~ 30cm。

规格 厚度为 200 ~ 350g。

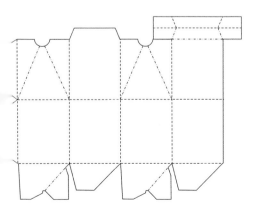

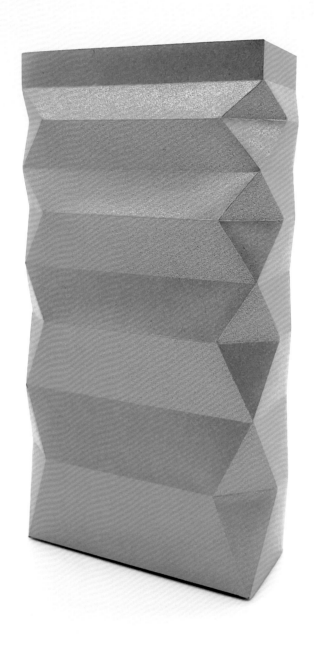

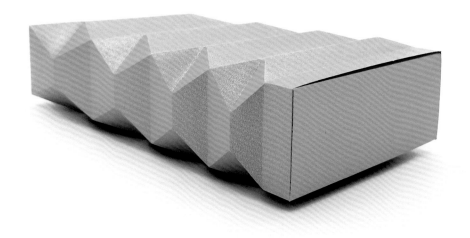

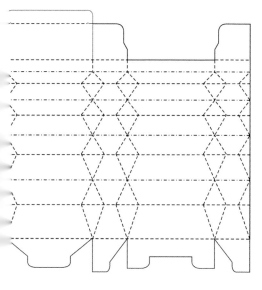

◀▲ **设计思路** 将纸盒的 4 个面都设计成对称式的点线面相结合的结构，有强烈的体面转折感；盒体上横向折线的间距由上而下逐渐加大，提高了视觉观赏性。

结构特点 仅有一个粘贴处，造型独特、易成型。

注意事项 盒底采用插别结构，不能盛放沉重的物品。

适用范围 食品、文具、纺织品、小礼品等。

产品尺寸 高度适用范围为 12 ~ 30cm。

纸张规格 厚度为 180 ~ 300g。

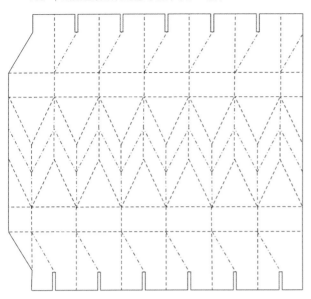

▼ **设计思路** 盒体两端开口都使用旋转闭合结构，盒体表面的凹凸起伏形成明显的转构，具有独特的视觉效果。

结构特点 仅有一个粘贴处，造型独特、使用方

注意事项 闭合结构的尺寸设定需精准。

适用范围 食品、文具、纺织品、化妆品、小礼品

产品尺寸 高度适用范围为 10 ~ 25cm。

纸张规格 厚度为 180 ~ 250g。

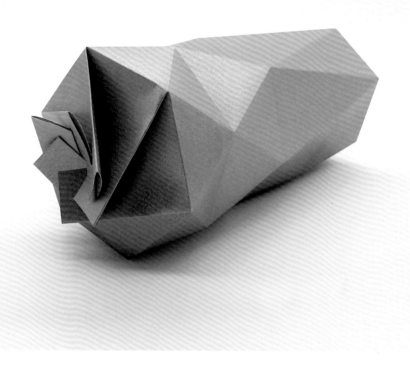

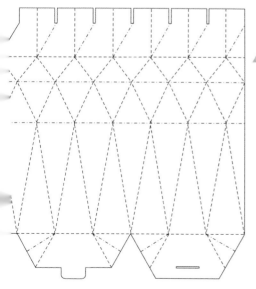

▲ **设计思路** 盒顶选择旋转闭合结构，盒底选择插接闭合结构。盒体表面由对称的转折线塑造成有规律的体面转折，具有特别的美感，盒体表面有充足的平面装饰空间。

结构特点 仅有一个粘贴处，造型独特、使用方便。

注意事项 闭合结构的尺寸设定需精准。

适用范围 食品、文具、纺织品、化妆品、小礼品等。

产品尺寸 高度适用范围为 10 ~ 25cm。

纸张规格 厚度为 180 ~ 300g。

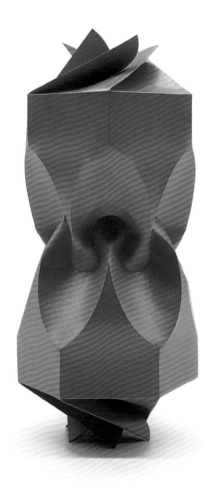

◀▼**设计思路** 两个纸盒都使用曲线为棱，使盒体形
成有规律的扭曲和旋绕，具有特别的
美感，盒体表面有丰富的起伏变化。

结构特点 盒体仅有一个粘贴处，造型独特。

注意事项 曲线弧度不宜过大，否则难以成型。

适用范围 食品、文具、纺织品、化妆品、小礼品等。

产品尺寸 高度适用范围为 15 ~ 30cm。

纸张规格 厚度为 180 ~ 300g。

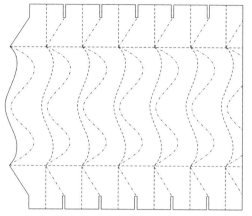

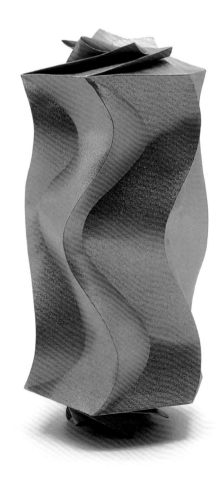

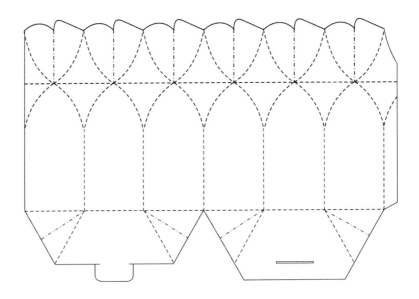

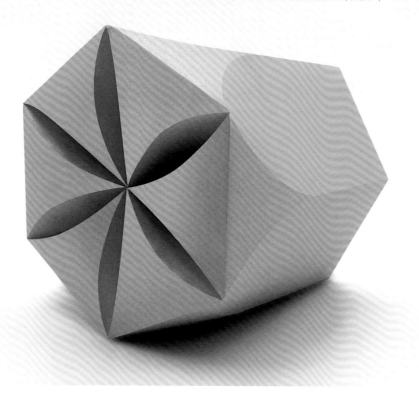

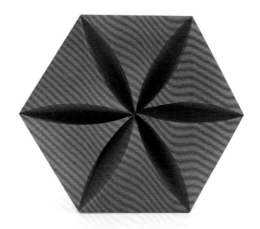

▶ **设计思路** 纸盒开口采用折叠的弧线形成六、八瓣花朵的造型, 绿色纸盒棱线选择弧线与直线相结合的样式古铜色纸盒则无压实的棱线, 形成自然的弧度, 不同的处理方式展现了多变的纸盒立体造型.具备很强的视觉观赏性。

结构特点 仅有一个粘贴处, 造型独特、易成型。

注意事项 若想竖立摆放, 底部需采用插别结构闭合。

适用范围 食品、纺织品、礼品等。

产品尺寸 高度适用范围为 10 ~ 30cm。

纸张规格 厚度为 180 ~ 350g。

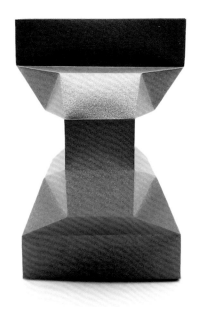

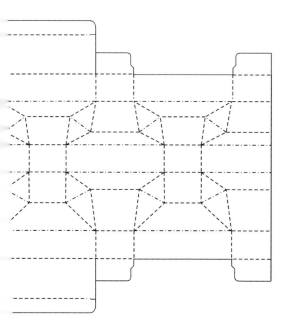

◀▲设计思路 将纸盒的 4 个面都设计成对称式的体面转折结构，立体感强，增强了视觉吸引力。

结构特点 仅有一个粘贴处，造型独特、易成型。

注意事项 顶部和底部都采用摇盖闭合结构，也可以根据产品需要改变闭合结构。

适用范围 食品、文具、纺织品、小礼品等。

产品尺寸 高度适用范围为 15 ～ 30cm。

纸张规格 厚度为 180 ～ 300g。

第四节　纸品包装尖角结构上的改变

　　纸品包装造型除了可以在棱上创新、改造外，在角上也可以进行再塑造。角的呈现可以像常规方式一样凸起，也可以是向内收敛的，设计时可以只针对一个角改造，也可以多个角同时变化（图6-4-1）。需要特别指出的是，如果折角的折线选用弧线，则关联面的盒体会拱起，受此影响建议弧度折线可以集中在同一个平面，这样可以形成一个均匀的拱起结构，这种结构比较适合做天地盖结构的盒盖部分，如果刻意选择不规则的造型则可不必考虑这个问题。

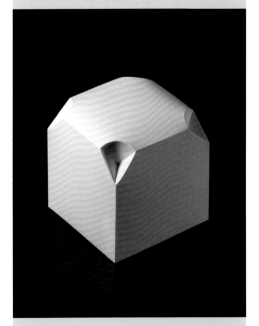

图6-4-1 改变尖角结构的纸品包装

　　下面介绍在纸品包装尖角结构上改变的示范作品。

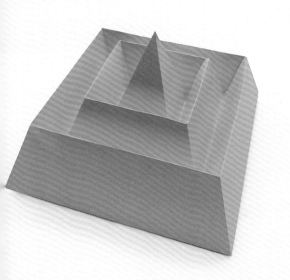

设计思路 在四棱锥纸盒的每个棱上进行左右对称式的折叠，丰富了纸盒的体面变化，提高了视觉观赏性。

结构特点 仅有一个粘贴处，造型独特、易成型。

注意事项 中间凸出部分也可放置环状产品（如戒指），作为展示托架使用。

适用范围 食品、小礼品等。

产品尺寸 高度适用范围为7～30cm。

纸张规格 厚度为180～300g。

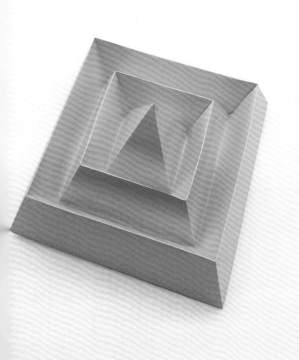

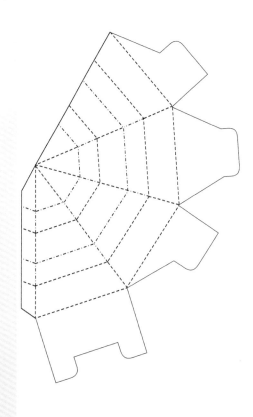

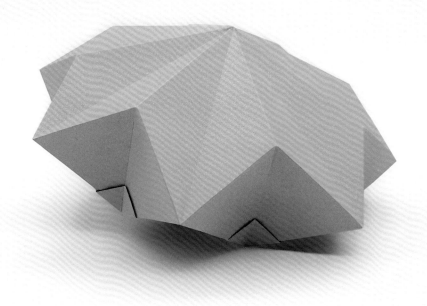

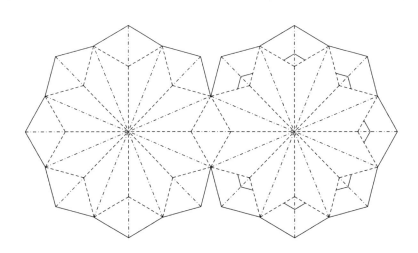

▲ **设计思路** 纯折叠八角星形纸盒，从八角形的中心点平均向外发散出 8 条山线和 8 条谷线，形成 16 个切面，每个相邻的面都是对称式的结构，立体效果和视觉观赏性俱佳。

结构特点 无粘贴处，造型独特、易成型。

注意事项 结构装饰性强，不适宜盛放沉重的物品。

适用范围 食品、文具、小礼品等。

产品尺寸 直径适用范围为 10～30cm。

纸张规格 厚度为 180～300g。

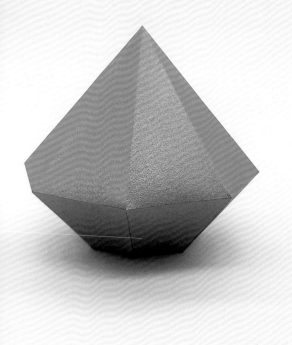

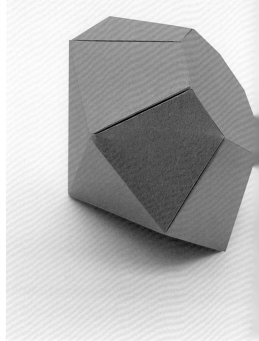

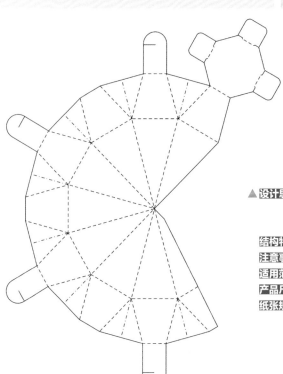

▲ **设计思路** 纯折叠八角钻石形纸盒，由 8 个相同的三角形切面、8 个相同的梯形切面和八边形底面组成，立体效果视觉观赏性俱佳。

结构特点 仅有一个粘贴处，造型独特、易成型。

注意事项 底部采用插接结构，平整且便于直立摆放。

适用范围 食品、文具、小礼品等。

产品尺寸 直径适用范围为 10～30cm。

纸张规格 厚度为 180～300g

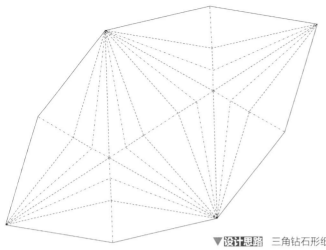

▼ **设计思路** 三角钻石形纸盒，在平面上折叠形成高低起伏的结构，高低结构的支撑力度高，形成稳定的立体结构。

结构特点 纸盒闭合处可粘贴，也可穿插固定，造型独特、立体感强。

注意事项 盒体上下两部分采用插接闭合结构，不宜放重物。

适用范围 食品、文具、小礼品等。

产品尺寸 直径适用范围为 10 ～ 30cm。

纸张规格 厚度为 180 ～ 300g。

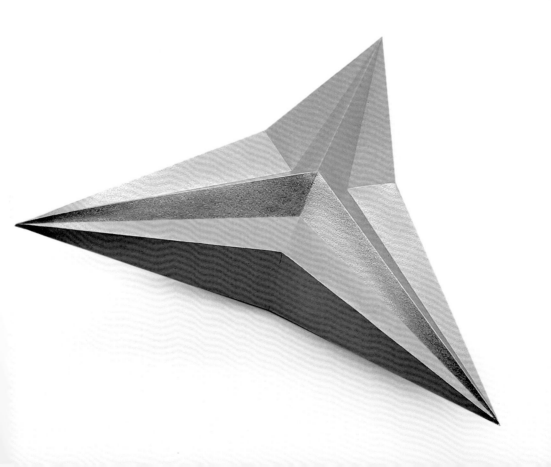

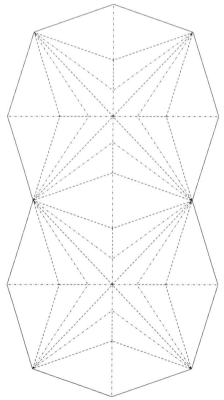

▲ ▶ **设计思路** 四角钻石形纸盒，在平面上折叠形成高低起伏的线条，高
低结构的支撑力度高，形成稳定的立体结构。两者
在对称方式上有些许区别。

结构特点 纸盒闭合处可粘贴，也可穿插固定，造型独特、立体。

注意事项 盒体上下两部分采用插接闭合结构，不宜放重物。

适用范围 食品、文具、小礼品等。

产品尺寸 直径适用范围为 10 ~ 30cm。

纸张规格 厚度为 180 ~ 300g。

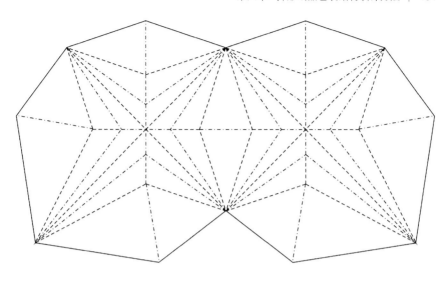

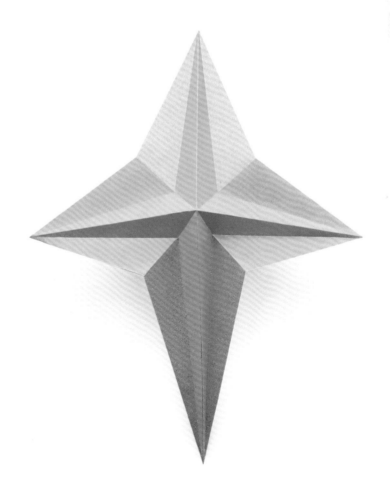

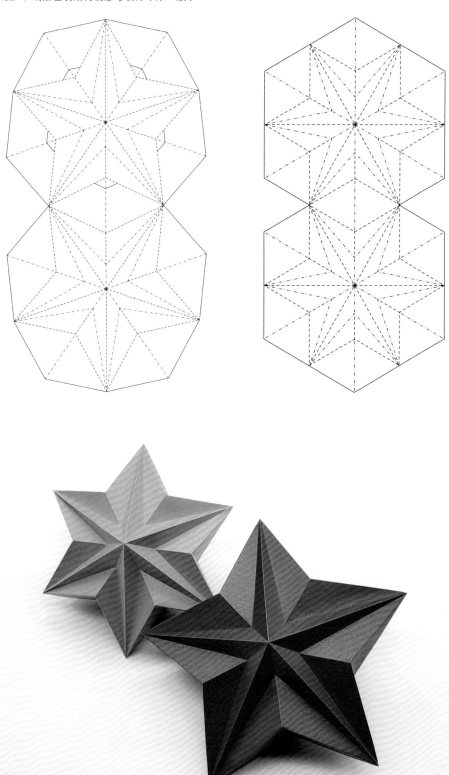

▼ **设计思路**　五角及六角钻石形纸盒，在平面上折叠形成高低起伏的结
构，高低结构的支撑力度高，形成稳定的立体结构。

结构特点　纸盒闭合处可粘贴，也可穿插固定，造型独特、立体感强。

注意事项　盒体上下两部分采用插接闭合结构，不宜放重物。

适用范围　食品、文具、小礼品等。

产品尺寸　直径适用范围为 10～30cm。

纸张规格　厚度为 180～300g。

多角钻石形
立体纸盒
展示

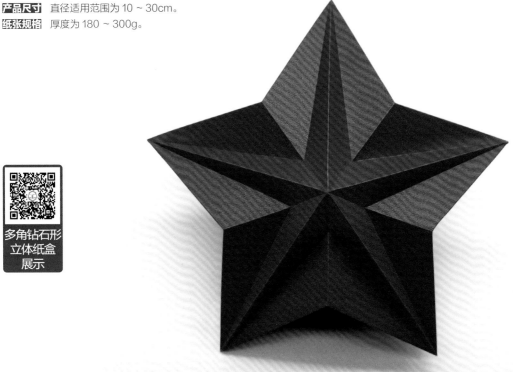

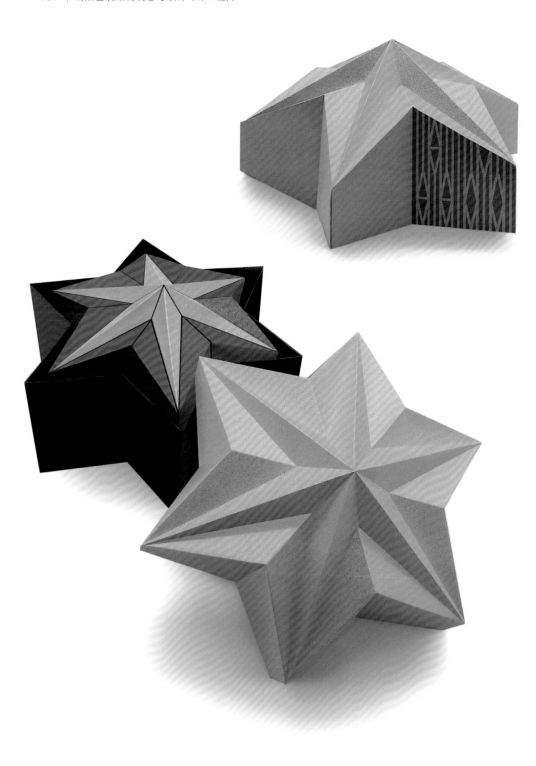

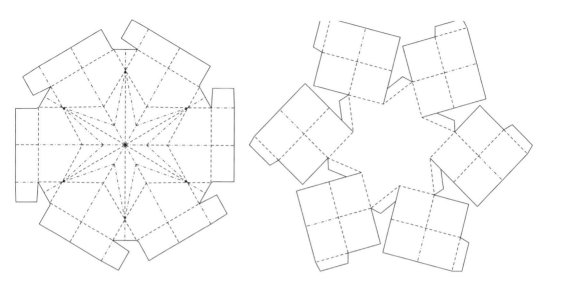

▶ **设计思路**　六角星形天地盖结构纸盒,六角形的盒盖上有24个三角形切面,
　　　　　　切面被分成高低两个层次,立体效果和视觉观赏性俱佳。

结构特点　造型独特、制作工艺较复杂。

注意事项　盒盖结构复杂,装饰性强,运输时要注意设计间隔保护结构。

适用范围　食品、文具、纺织品、鲜花、礼品等。

产品尺寸　直径适用范围为 10 ~ 30cm。

纸张规格　厚度为 180 ~ 300g。

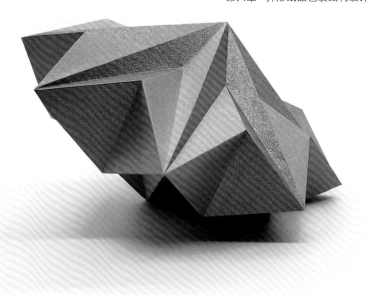

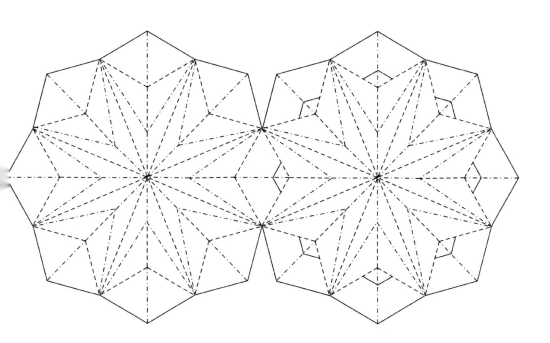

◀▲**设计思路**　八角钻石形纸盒，在平面上折叠形成高低起伏的结构，支
　　　　　　撑力度强，形成稳定的立体结构。

结构特点　纸盒闭合处可粘贴也可穿插固定，造型独特、立体感强。

注意事项　盒体上下两部分采用插接闭合结构，不宜放重物。

适用范围　食品、文具、小礼品等。

产品尺寸　直径适用范围为 10 ～ 30cm。

纸张规格　厚度为 180 ～ 300g。

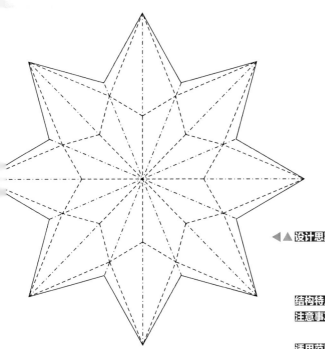

◀▲设计思路 由若干有规律的点、线、面结合形成,将纸盒体面合理分割,不同部位经过对称的折叠、围绕形成的立体结构富有秩序的美感,立体效果和视觉观赏性俱佳。

结构特点 造型新颖,立体感强,易成型。

注意事项 闭合方法可采用黏合或打孔穿绳,结构装饰性强,不适宜盛放沉重的物品。

适用范围 食品、文具、小礼品等。

产品尺寸 直径适用范围为 10～30cm。

纸张规格 厚度为 180～300g。

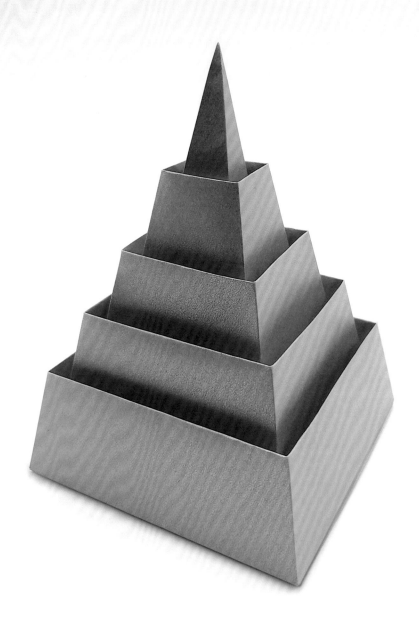

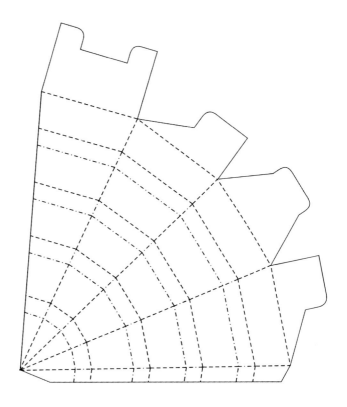

设计思路 在四棱锥纸盒的每个棱上进行左右对称式的折叠，丰富了纸盒的层次感和体面变化，具备很强的视觉观赏性。

结构特点 仅有一个粘贴处，造型独特、易成型。

注意事项 中间凸出部分也可放置环状产品（如戒指），作为展示托架使用。

适用范围 食品、小礼品等。

产品尺寸 高度适用范围为12～30cm。

纸张规格 厚度为180～300g。

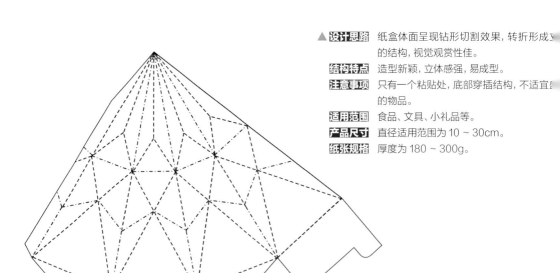

▲ **设计思路** 纸盒体面呈现钻形切割效果，转折形成立体的结构，视觉观赏性佳。

结构特点 造型新颖，立体感强，易成型。

注意事项 只有一个粘贴处，底部穿插结构，不适宜重的物品。

适用范围 食品、文具、小礼品等。

产品尺寸 直径适用范围为 10 ~ 30cm。

纸张规格 厚度为 180 ~ 300g。

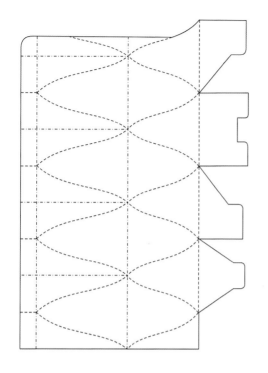

▼ **设计思路** 纸盒棱线使用曲线,使盒体形成柔美的弧度和体面,具有特别的美感,盒体表面有丰富的起伏变化。

结构特点 顶部粘贴,底部穿插结构,造型独特。

注意事项 曲线弧度不宜过大,否则难以成型。

适用范围 食品、文具、纺织品、化妆品、小礼品等。

产品尺寸 高度适用范围为 15～30cm。

纸张规格 厚度为 180～300g。

第五节　纸品包装插接结构上的改变

　　合理运用插接手段可减少使用黏合剂或固定物，插接工艺要求精准的尺度设计，几何结构的插片进入切口需严丝合缝才能抗压、抗拉。使用插接手段来固定还需利用好纸张的摩擦力。图6-5-1所示纸盒的4个侧面都有插接结构，对于依靠插接结构成型的纸盒容器，若能合理利用纸张的摩擦力，配合精准的尺度，可以有效提高纸盒结构的牢固度，并有效抵抗外力冲击。纸张之间如果没有产生有效的摩擦力，就无法通过现有结构固定成型，必须依靠其他固定装置，如绑带或纸套。自身无法实现牢固性，也就无法实现保护商品的功能。合理的插接结构简洁实用，可以减少许多复杂工艺，如果选择的纸张材料是较大克重的卡纸，则插接切口长度需要把纸张的厚度也计算进去。图6-5-2所示是11种插接结构组合前后的对照示意。

图6-5-1　插接结构纸盒

以下介绍插接结构纸品包装示范作品。

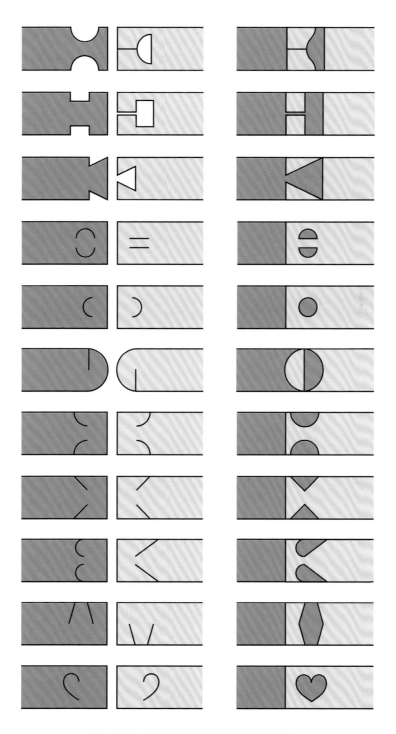

图6-5-2 11种插接结构组合前后的对照示意

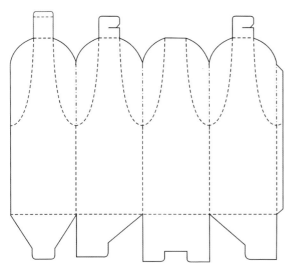

▲ **设计思路** 纸盒开口采用穿插闭合结构，运用弧线增加纸盒的体面变化，丰富了视觉效果。

结构特点 仅有一个粘贴处，造型别致、易成型。

注意事项 盒底采用插别结构，不适宜盛放沉重的物品。

适用范围 食品、文具、小礼品等。

产品尺寸 高度适用范围为 12 ~ 30cm。

纸张规格 厚度为 180 ~ 300g。

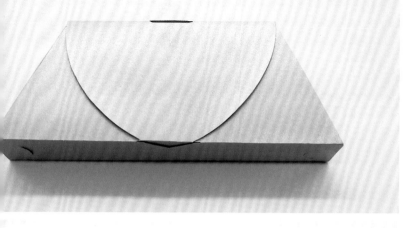

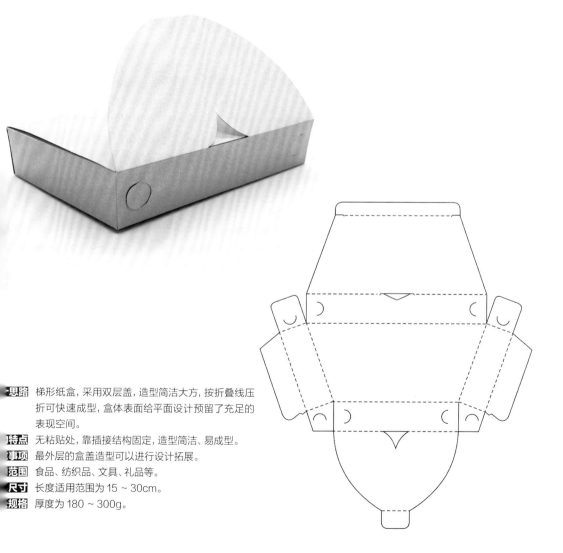

思路 梯形纸盒，采用双层盖，造型简洁大方，按折叠线压折可快速成型，盒体表面给平面设计预留了充足的表现空间。

特点 无粘贴处，靠插接结构固定，造型简洁、易成型。

事项 最外层的盒盖造型可以进行设计拓展。

范围 食品、纺织品、文具、礼品等。

尺寸 长度适用范围为 15 ~ 30cm。

规格 厚度为 180 ~ 300g。

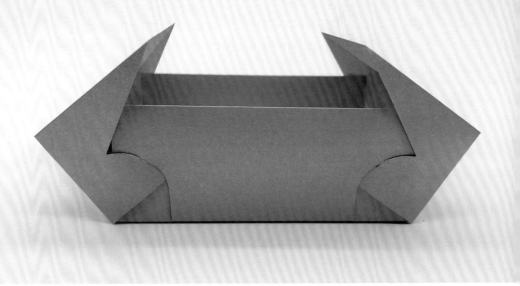

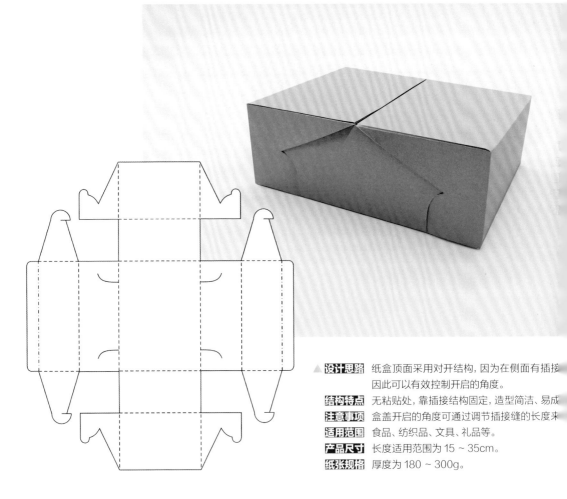

▲ **设计思路** 纸盒顶面采用对开结构，因为在侧面有插接，因此可以有效控制开启的角度。

结构特点 无粘贴处，靠插接结构固定，造型简洁、易成

注意事项 盒盖开启的角度可通过调节插接缝的长度来

适用范围 食品、纺织品、文具、礼品等。

产品尺寸 长度适用范围为 15～35cm。

纸张规格 厚度为 180～300g。

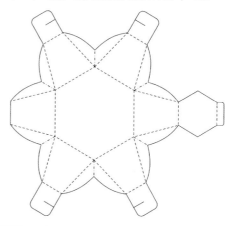

设计思路 六边形纸盒,盒体侧面由 6 个相同的梯形切面组成,造型简洁大方,按折叠线压折可快速成型,盒体表面给平面设计预留了充足的表现空间。

结构特点 无粘贴处,造型独特、易成型。

注意事项 盒盖采用插接和摇盖相结合的闭合结构,这样既牢固又平整。

适用范围 食品、文具、小礼品等。

产品尺寸 直径适用范围为 10 ～ 30cm。

纸张规格 厚度为 180 ～ 300g。

路 纸盒顶面采用摇盖结构,下方盒体有开口,因为在侧面有插接结构,因此可以控制开口的最大开启角度。

点 仅有一个粘贴处,造型简洁、易成型。

项 下方盒体的开口角度不宜超过 60°。

围 食品、纺织品、文具、礼品等。

寸 高度适用范围为 10 ～ 25cm。

格 厚度为 180 ～ 300g。

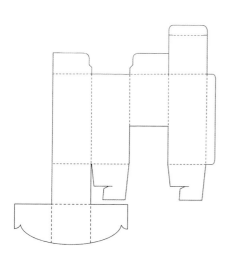

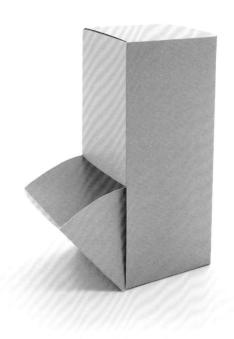

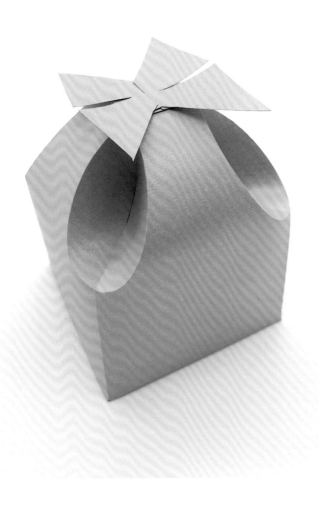

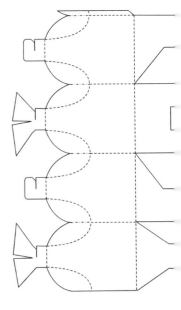

▲ **设计思路** 在蝴蝶形装饰结构的下方划有狭缝，将相对的蝶翼沿狭缝相互交叉，沿弧线折叠形成弧面，丰富了纸盒的立体表现，造型具备一定的视觉观赏性。

结构特点 仅有一个粘贴处，造型独特、易成型。

注意事项 可压成平板状运输，若以立体形状运输，需要注意保护蝴蝶插接结构不被破坏。

适用范围 食品、纺织品、礼品等。

产品尺寸 高度适用范围为 8 ~ 20cm。

纸张规格 厚度为 180 ~ 250g。

▲ **设计思路** 在雕刻的花形装饰结构的下方划有狭缝,将相对的花朵沿狭缝相互交叉,花朵的形状可以丰富纸盒的层次感,纸盒造型具备很强的视觉观赏性。

结构特点 无粘贴处,造型独特、易成型。

注意事项 因不需粘贴,可以平板状运输,到销售地点后现场插接成型。

适用范围 食品、纺织品、礼品等。

产品尺寸 长度适用范围为 8 ~ 30cm。

纸张规格 厚度为 180 ~ 300g。

▲ **设计思路** 在雕刻的花形装饰结构的下方划有狭缝,将相对的花
朵沿狭缝相互交叉,拱起的弧面上也划有花瓣造型的
切割线,可以丰富纸盒的层次感,纸盒造型具备很强的
视觉观赏性。

结构特点 无粘贴处,造型独特、易成型。

注意事项 因不需粘贴,可以平板状运输,到销售地点后现场插接
成型。若以立体形状运输,需要注意保护花形立体结构
不被破坏。

适用范围 食品、小礼品等。

产品尺寸 高度适用范围为 6 ~ 15cm。

纸张规格 厚度为 180 ~ 300g。

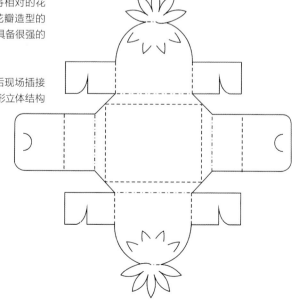

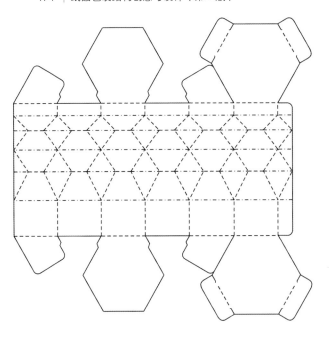

◀ **设计思路** 在六边体纸盒的每个棱上进行设计
贯穿的棱线中间加上对称式的切面
体面转折，提高了视觉观赏性。

结构特点 仅有一个粘贴处，造型独特、易成型

注意事项 盒底用摇盖插入结构，不能盛放沉重

适用范围 食品、文具、纺织品、小礼品等。

产品尺寸 高度适用范围为 12 ~ 30cm。

纸张规格 厚度为 180 ~ 300g。

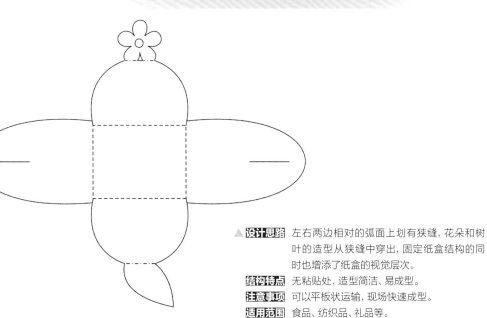

▲ **设计思路** 左右两边相对的弧面上划有狭缝，花朵和树叶的造型从狭缝中穿出，固定纸盒结构的同时也增添了纸盒的视觉层次。

结构特点 无粘贴处，造型简洁、易成型。

注意事项 可以平板状运输，现场快速成型。

适用范围 食品、纺织品、礼品等。

产品尺寸 高度适用范围为 12 ~ 20cm。

纸张规格 厚度为 180 ~ 250g。

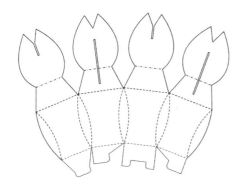

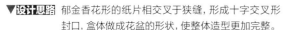

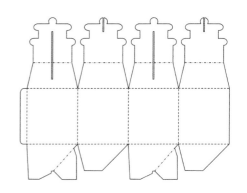

▼**设计思路** 郁金香花形的纸片相交叉于狭缝，形成十字交叉形封口，盒体做成花盆的形状，使整体造型更加完整。

结构特点 仅一个粘贴处，造型独特、易成型。

注意事项 可以平板状运输，到销售地点后现场插接成型。若以立体形状运输，需要注意保护花形立体结构不被破坏。

适用范围 食品、纺织品、礼品等。

产品尺寸 高度适用范围为 10 ~ 30cm。

纸张规格 厚度为 180 ~ 300g。

▶**设计思路** 双层蛋糕形状的纸片相交叉于狭缝，形成十字形封口，整体造型具备很强的视觉观赏性。

结构特点 仅一个粘贴处，造型独特、易成型。

注意事项 可以平板状运输，到销售地点后现场插接成以立体形状运输，需要注意保护蛋糕形立体结被破坏。

适用范围 食品、纺织品、礼品等。

产品尺寸 高度适用范围为 15 ~ 50cm。

纸张规格 厚度为 200 ~ 400g。

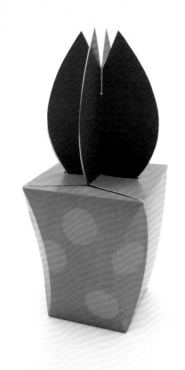

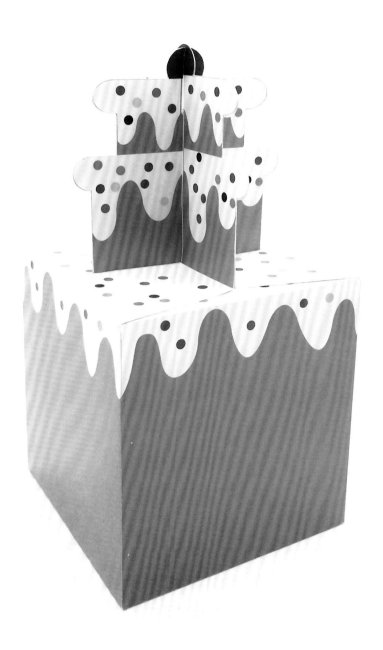

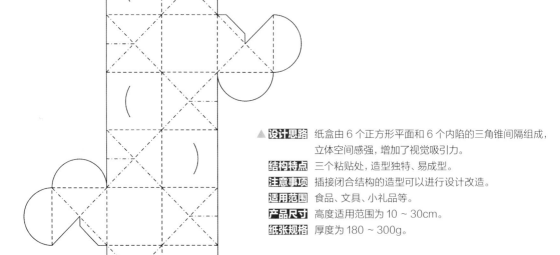

▲ 设计思路 纸盒由 6 个正方形平面和 6 个内陷的三角锥间隔组成，立体空间感强，增加了视觉吸引力。

结构特点 三个粘贴处，造型独特、易成型。

注意事项 插接闭合结构的造型可以进行设计改造。

适用范围 食品、文具、小礼品等。

产品尺寸 高度适用范围为 10 ~ 30cm。

纸张规格 厚度为 180 ~ 300g。

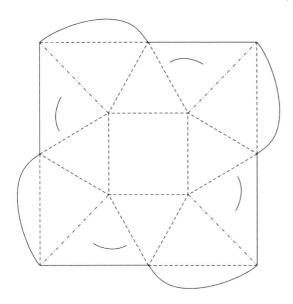

▶ **设计思路** 纸盒由 1 个正方形底面和 12 个三角形组成,纸盒体面变化丰富,具备视觉观赏性。

结构特点 无粘贴处,造型独特、易成型。

注意事项 纸盒的闭合结构由 4 个插接结构协同完成。

适用范围 食品、文具、小礼品等。

产品尺寸 高度适用范围为 6～20cm。

纸张规格 厚度为 180～300g。

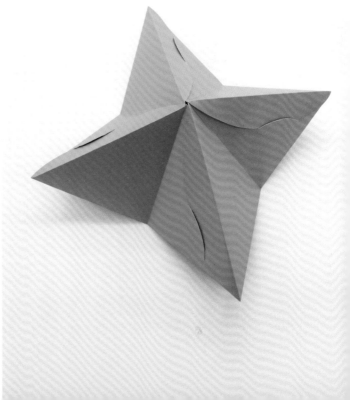

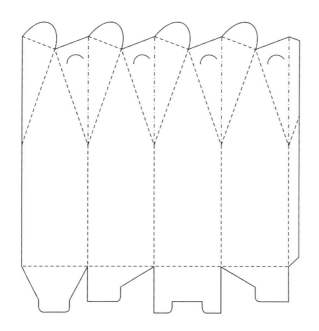

◀ **设计思路** 将管式盒上半部分的每个棱向内推入，形成
对称的三角形切面，丰富了纸盒的体面变化，
了视觉观赏性。

结构特点 仅有一个粘贴处，造型独特、易成型。

注意事项 纸盒的闭合结构由 4 个插接结构协同完成。

适用范围 食品、文具、纺织品、小礼品等。

产品尺寸 高度适用范围为 15 ~ 30cm。

纸张规格 厚度为 180 ~ 300g。

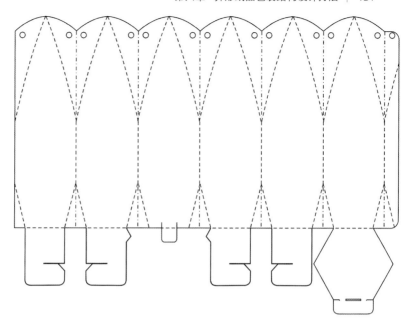

思路 梨形纸盒的上半部分用弧线折叠形成弧面，
下半部分用直线折叠，使盒底收拢，丰富了
纸盒的立体表现，增添了视觉观赏性。

特点 一个粘贴处，造型独特、易成型。

事项 可压成平板状运输,口部使用打孔穿绳闭合。

范围 食品、纺织品、礼品等。

尺寸 高度适用范围为 15 ~ 25cm。

规格 厚度为 180 ~ 250g。

▼**设计思路** 球形纸盒，采用穿插闭合结构，体面变化丰富，立体感强，视觉效果好。

结构特点 仅有一个粘贴处，造型别致、易成型。

注意事项 不适宜盛放沉重的物品。

适用范围 食品、纺织品、文具、小礼品等。

产品尺寸 高度适用范围为 10～30cm。

纸张规格 厚度为 180～300g。

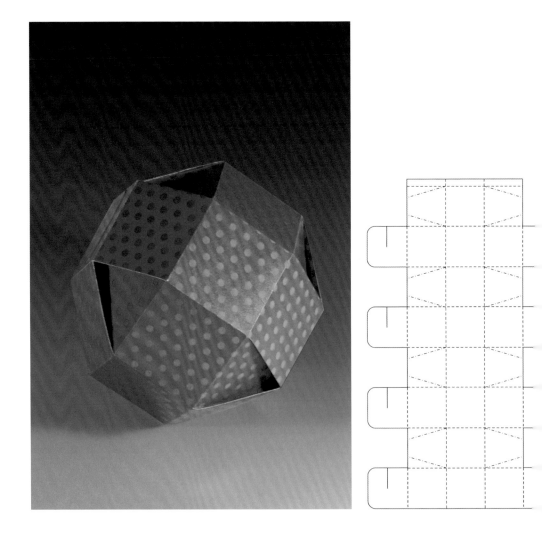

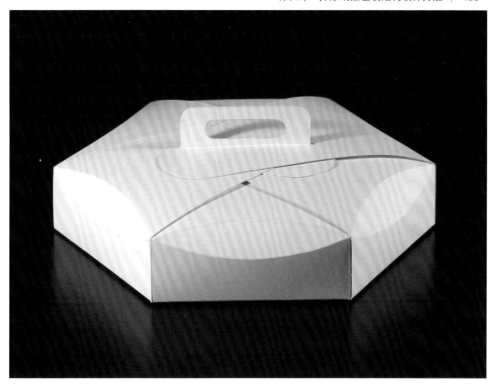

▲ **设计思路** 这款六边形纸盒的盒体和盒盖连为一体,两个提手并拢后从四片封盖的狭缝中穿插出来,
　　　　　　纸盒结构牢固且不失美感, 有充足的平面设计表现空间。

结构特点 造型独特、易成型。

注意事项 狭缝的位置、角度、长度都需计算精确。

适用范围 食品、纺织品、小礼品等。

产品尺寸 长度适用范围为 25 ~ 35cm。

纸张规格 厚度为 200 ~ 350g。

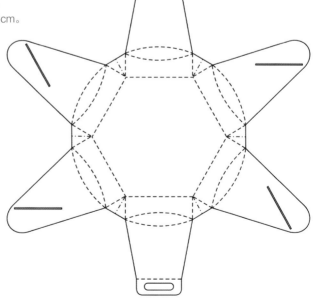

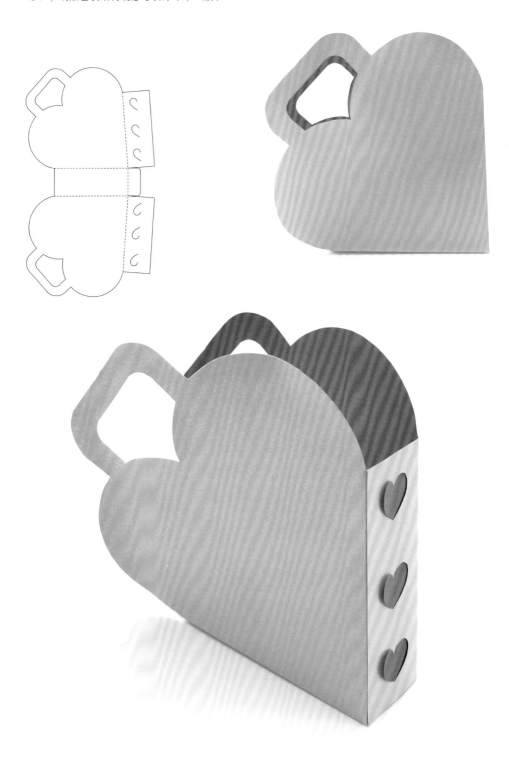

思路 在心形手提盒的侧面依次划有半个爱心形状的狭缝，将对称的心形狭缝互相插别后，形成 3 个完整的爱心，增加了纸盒的视觉观赏性。

特点 无粘贴处，造型独特、工艺简单、易成型。

事项 可以平板状运输，到销售地点后现场插接成型。

范围 食品、纺织品、礼品等。

尺寸 高度适用范围为 20～40cm。

规格 厚度为 180～300g。

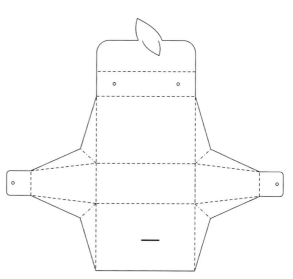

思路 女士拎包款纯折叠手提盒，一纸成型，口部闭合的插别结构设计成树叶的造型，为作品增添了装饰效果。

特点 无粘贴处，造型别致、易成型。

事项 穿插结构的开孔尺寸要精准，对于外观造型，可发挥想象力进行设计改造。

范围 食品、文具、纺织品、小礼品等。

尺寸 高度适用范围为 12～25cm。

规格 厚度为 180～300g。

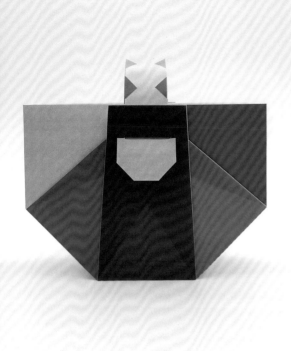

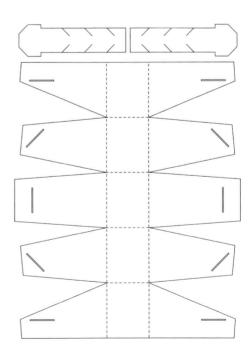

▲ **设计思路** 纯插接结构手提袋，一纸成型，纸袋两侧分别有5张片状结构叠放在一起，每张纸片上都划有一条狭缝；提手分为两部分，分别从两面穿过狭缝再相互插接定型，提手的穿插结构类似编制，丰富了作品的层次感。

结构特点 无粘贴处，造型别致、易成型。

注意事项 穿插结构的开孔尺寸要精准，提手长度可任意调整，对于外观造型，可发挥想象力进行设计改造。

适用范围 食品、文具、纺织品、小礼品。

产品尺寸 高度适用范围为20～30cm。

纸张规格 厚度为200～300g。

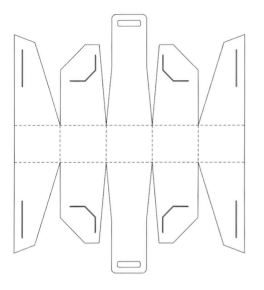

▼ **设计思路** 纯插接结构手提袋,一纸成型,纸袋的两个主面有 4 张片状结构对称叠放在一起,每张纸片上都划有一条狭缝,提手通过狭缝穿入,为作品增添了丰富的层次感。

结构特点 无粘贴处,造型别致、易成型。

注意事项 穿插结构的开孔尺寸要精准,对于外观造型,可发挥想象力进行设计改造。

适用范围 食品、文具、纺织品、小礼品等。

产品尺寸 高度适用范围为 20 ~ 30cm。

纸张规格 厚度为 200 ~ 300g。

▶**设计思路** 纸盒的4个侧面分别以弧形插片插到狭缝，
成管状结构，造型简洁大方，盒体表面给平
计预留了充足的展示空间。

结构特点 无粘贴处，造型简洁、易成型。

注意事项 狭缝和插片的尺寸要精准，否则结构容易松

适用范围 食品、纺织品、文具、酒水、礼品、电子商品

产品尺寸 高度适用范围为10～30cm。

纸张规格 厚度为200～350g。

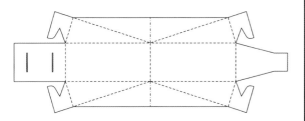

▶**设计思路** 这款三角形纸盒造型简洁大方，按折叠线压折可
快速成型，盒体内部被划分成两个独立空间，底
部穿插锁合，盒体表面给平面设计预留了充足的
展示空间。

结构特点 无粘贴处，造型简洁、易成型。

注意事项 适合存放需要分隔开的物品。

适用范围 食品、文具、礼品、电子商品等。

产品尺寸 高度适用范围为10～30cm。

纸张规格 厚度为200～350g。

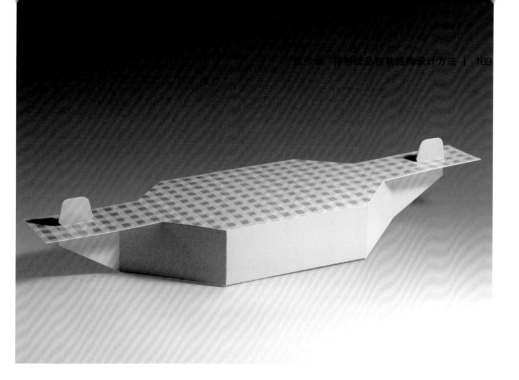

▲ **设计思路** 盒盖与盒体采用插接结构闭合,造型简洁大方,盒盖表面为产品预留了充足的平面设计展示空间。

结构特点 无粘贴处,造型简洁、易成型。

注意事项 可折叠成平板状运输。

适用范围 适合存放食品、化妆品等。

产品尺寸 长度适用范围为 15 ~ 30cm。

纸张规格 厚度为 180 ~ 350g。

▼ **设计思路** 将纸盒菱形面的锐角设计为 60°,这样在运输时盒子之间可以彼此借位摆放,造型简洁大方。

结构特点 仅有一个粘贴处,易成型。

注意事项 盒盖和插接结构的形状与整体造型呼应。

适用范围 适合存放食品、文具、小礼物等。

产品尺寸 高度适用范围为 7 ~ 20cm。

纸张规格 厚度为 180 ~ 300g。

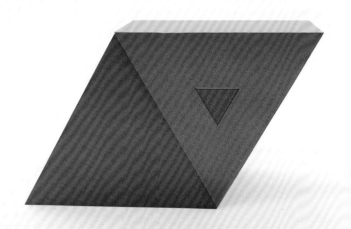

设计思路 这款井字形纸盒由盒体和盒盖两部分组成,平面图中设计了诸多细节,都是为了让纸盒结构更加挺括、牢固,有充足的平面设计表现空间。

结构特点 无粘贴处,造型独特、易成型。

注意事项 运输时需要注意保护凸出部分立体结构不被破坏。

适用范围 食品、纺织品、小礼品等。

产品尺寸 长度适用范围为 20 ~ 35cm。

纸张规格 厚度为 200 ~ 350g。

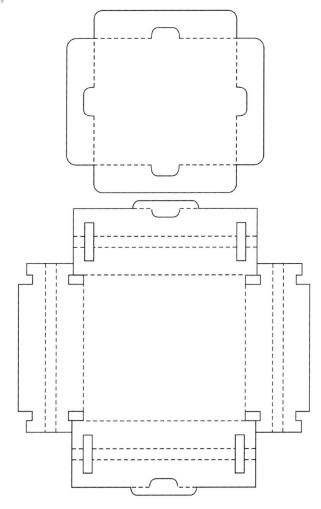

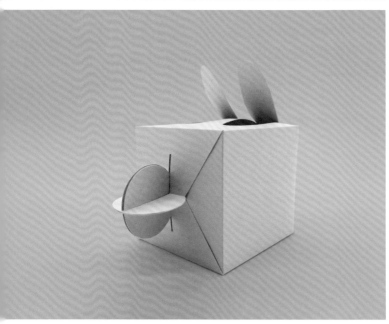

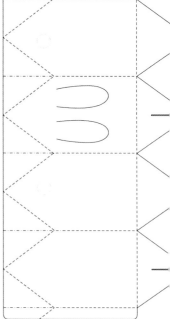

▲ **设计思路** 在平面上雕刻、折叠，立体成型后粘贴、穿插形成小兔子的造型。

结构特点 仅有一个粘贴处，运输时耳朵的结构可贴敷在盒体上，不占用空间，造型简洁、易成型。

注意事项 在动物的面部结构上可进一步进行切割、折叠处理，以增加细节的可看性。

适用范围 食品、文具、礼品等。

产品尺寸 长度适用范围为 10 ~ 20cm。

纸张规格 厚度为 180 ~ 250g。

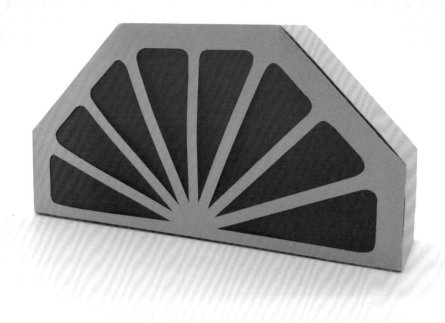

▲ **设计思路** 果橙造型的纸盒,形式简洁大方,按折叠线压折可
快速成型,盒体表面给平面设计预留了充足的表现
空间。

结构特点 无粘贴处,造型简洁、易成型。

注意事项 盒底采用插别结构,不适宜盛放沉重的物品。

适用范围 食品、纺织品、文具、礼品等。

产品尺寸 高度适用范围为 6～15cm。

纸张规格 厚度为 180～300g。

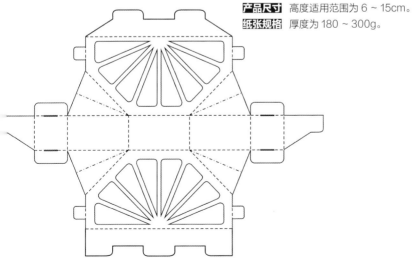

第六节　纸品包装闭合结构上的改变

实用便利的包装作品，不应以牺牲观赏性为代价，使用传统结构进行设计时，设计师必须冲破固有观念的束缚，通过推敲、分析找出设计的突破口，对结构进行再设计。设计的思维空间很广泛，凡是明确限制不能为的事以外，都应该努力发散思维，去探索和改变。

第201页上的包装盒闭合结构使用的是传统的莲花钮结构。传统莲花钮的结构特点主要有以下两点。

一、中心点旋绕

传统莲花钮的每片旋转结构都是由盒体侧面向盒顶面的中心点延伸，依次压叠、旋转、闭合的。很多学生上课时手工制作的莲花钮无法闭合，原因是每片旋转结构的尺寸不标准，无法做到每片的钮接点都准确汇聚在中心点上。

二、圆形钮片装饰

传统莲花钮的钮头几乎都是圆形装饰，鲜有变化，久而久之原本别致、新颖的结构，由于缺乏应有的变化革新，逐渐产生视觉疲劳，在消费者中失去了吸引力。

如果想对传统的莲花钮结构进行改造和创新，首先要明确哪些原则是必须遵守的，除了必须遵守的原则以外，其他细节皆可任意发挥想象力。对传统莲花钮结构进行认真分析后会发现：莲花钮结构的核心构造是旋转闭合。旋转闭合结构的必要原则仅有一项——围绕同一个点旋转。"中心点"和"圆形钮片"都不是旋转闭合的必要条件，即闭合面上的任何一个点都可以作为旋绕点，只要各个方向的纸片能够准确集中到同一个点位上便能达到完全的密闭，因而可以出现各式各样不对称的旋绕结构。

第199页、204页和206页上三款作品里的旋点都选择了非中心点，去除了常见的圆形钮头，每片旋转结构的形状各不相同，一款边沿裁成弧线，另一款边沿裁成不规则的折线。

本节中有多款包装纸型都是在传统莲花钮基础上提炼、改造完成的。新的设计元素和表现方式，可以增添作品的个性化色彩，每一次的设计都要对以往的观念进行思考与提炼，厘清思路，明确方向后才能展开设计。

下面介绍在纸品包装闭合结构上改变的示范作品。

设计思路 仅靠折叠即可旋转闭合，左边页面的平面图是最上方绿色纸盒的平面图，将纸张边沿的形状略微改变，即可围绕形成各种形态的花朵样式，有很好的视觉观赏性。

结构特点 一纸成型、造型独特、易成型。

注意事项 折线的长度和角度需计算精准，否则无法严密闭合。

适用范围 食品、文具、纺织品、小礼品等。

产品尺寸 直径适用范围为 8～20cm。

纸张规格 厚度为 160～250g。

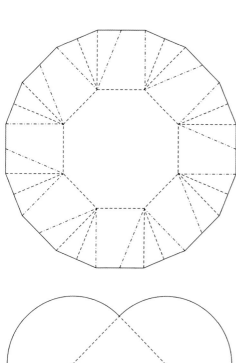

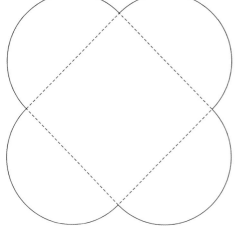

 设计思路 三款 CD 包装都选用旋转闭合结构，或折叠、或切割，呈现出不同的视觉样式，观赏性俱佳。

结构特点 无粘贴处，造型独特、易成型。

注意事项 可包装扁平状物品。

适用范围 CD、印刷品、礼品等。

产品尺寸 直径适用范围为 10～30cm。

纸张规格 厚度为 180～300g。

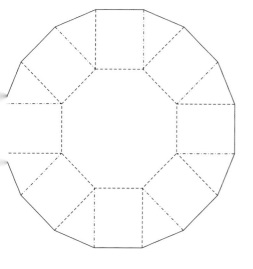

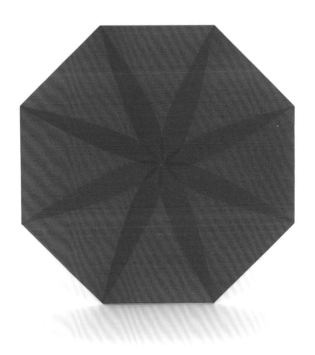

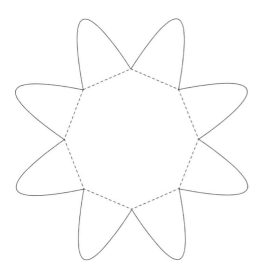

▲ **设计思路** 选用半透明的硫酸纸，对称的弧形纸片围绕八边形的中心点旋转闭合，重叠部分隐约呈现出对称的花形，视觉样式新颖、独特，观赏性佳。

结构特点 无粘贴处，造型独特、易成型。

注意事项 可包装扁平状物品。

适用范围 CD、印刷品、礼品等。

产品尺寸 直径适用范围为10～30cm。

纸张规格 厚度为180～300g。

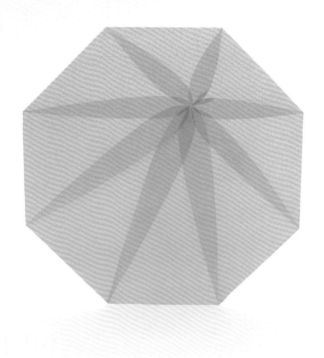

▲**设计思路** 选用半透明的硫酸纸,弧形纸片围绕任意点
　　　　　依次叠加旋转闭合,重叠部分隐约呈现出不
　　　　　对称的花形,视觉样式新颖、独特,观赏性佳。

结构特点 无粘贴处,造型独特、易成型。

注意事项 可包装扁平状物品。

适用范围 CD、印刷品、礼品等。

产品尺寸 直径适用范围为10～30cm。

纸张规格 厚度为180～300g。

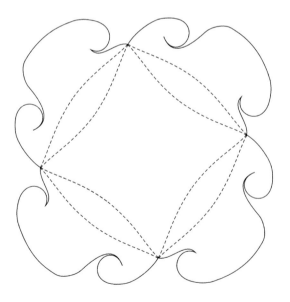

▲ **设计思路** 四边弧形纸盒，整个盒子由 8 个旋转钮旋转闭合形成中间厚四边薄的结构，线条柔美、层次感强，视觉观赏性佳。

结构特点 无粘贴处，造型独特、易成型。

注意事项 可包装扁平状物品。

适用范围 食品、纺织品、礼品等。

产品尺寸 直径适用范围为 10 ~ 30cm。

纸张规格 厚度为 180 ~ 350g。

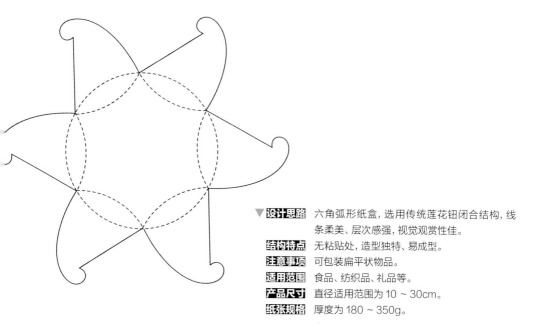

▼ **设计思路** 六角弧形纸盒，选用传统莲花钮闭合结构，线
条柔美、层次感强，视觉观赏性佳。

结构特点 无粘贴处，造型独特、易成型。

注意事项 可包装扁平状物品。

适用范围 食品、纺织品、礼品等。

产品尺寸 直径适用范围为10～30cm。

纸张规格 厚度为180～350g。

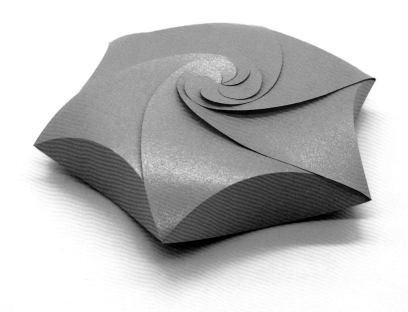

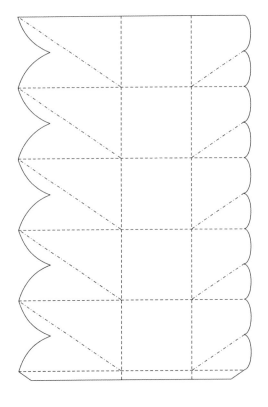

▲ **设计思路** 五边形纸盒的盒顶和盒底都选择旋转闭合结
旋转形成花朵的造型，顶面的花瓣造型尺度
有特别的美感，盒体表面有充足的平面装饰空

结构特点 仅有一个粘贴处，造型独特、使用方便。

注意事项 闭合结构的尺寸设定需精准。

适用范围 食品、文具、纺织品、化妆品、小礼品等。

产品尺寸 高度适用范围为 10 ～ 25cm。

纸张规格 厚度为 180 ～ 250g。

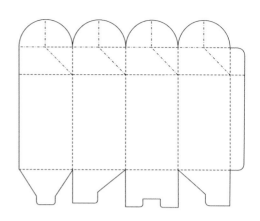

设计思路　一纸成型，纸张利用率高，口部的旋转折叠结构可以将纸盒严密闭合，有充足的平面设计空间。

结构特点　仅有一个粘贴处，造型简洁、易成型。

注意事项　转折线角度必须都是 45°。

适用范围　食品、文具、纺织品、小礼品等。

产品尺寸　高度适用范围为 10～25cm。

纸张规格　厚度为 180～300g。

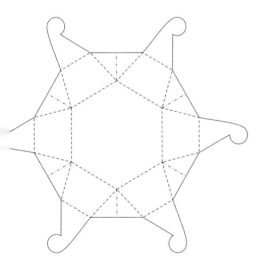

计思路　六角形纸盒，侧面是梯形，选用传统莲花钮闭合结构，层次感强，视觉观赏性佳。

勾特点　无粘贴处，造型独特、易成型。

意事项　莲花钮的形状可以进行设计改造。

用范围　食品、纺织品、礼品等。

尺寸　直径适用范围为 10～30cm。

张规格　厚度为 180～350g。

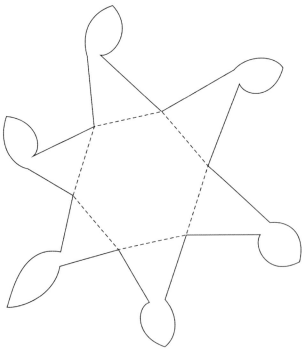

▲ **设计思路** 从六边形底面延伸出 6 片造型{优美}的纸片，围绕任意点依次叠加{放}闭合，形成一朵鸡蛋花和一片绿{叶，}视觉样式新颖，观赏性极佳。

结构特点 无粘贴处，造型独特、易成型。

注意事项 可包装扁平状物品。

适用范围 CD、印刷品、礼品等。

产品尺寸 直径适用范围为 10 ~ 30cm。

纸张规格 厚度为 180 ~ 300g。

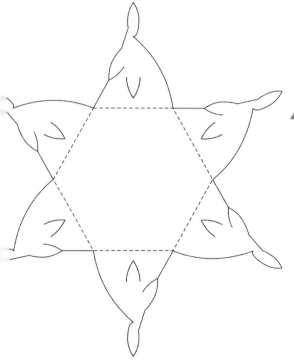

▲ **设计思路** 从六边形底面延伸出 6 片纸片，每片尖端的钮头围绕中心点依次叠加旋转闭合，钮头设计成花瓣造型，且在纸片上又刻线裁切出两层交替花瓣，视觉层次感很丰富。

结构特点 无粘贴处，造型独特、易成型。

注意事项 可包装扁平状物品。

适用范围 CD、印刷品、礼品等。

产品尺寸 直径适用范围为 10 ~ 30cm。

纸张规格 厚度为 180 ~ 300g。

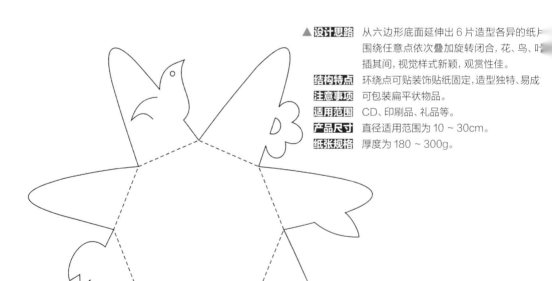

▲ **设计思路** 从六边形底面延伸出 6 片造型各异的纸片，围绕任意点依次叠加旋转闭合，花、鸟、叶穿插其间，视觉样式新颖，观赏性佳。

结构特点 环绕点可贴装饰贴纸固定，造型独特、易成。

注意事项 可包装扁平状物品。

适用范围 CD、印刷品、礼品等。

产品尺寸 直径适用范围为 10 ~ 30cm。

纸张规格 厚度为 180 ~ 300g。

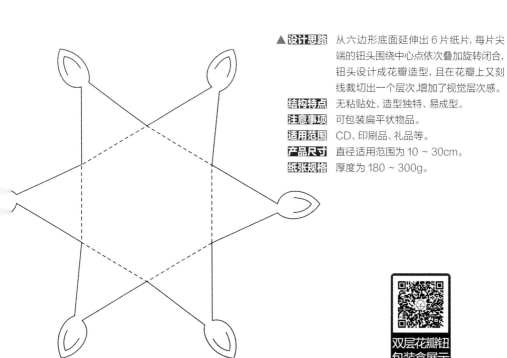

▲ **设计思路** 从六边形底面延伸出 6 片纸片，每片尖端的钮头围绕中心点依次叠加旋转闭合，钮头设计成花瓣造型，且在花瓣上又刻线裁切出一个层次，增加了视觉层次感。

结构特点 无粘贴处，造型独特、易成型。

注意事项 可包装扁平状物品。

适用范围 CD、印刷品、礼品等。

产品尺寸 直径适用范围为 10 ~ 30cm。

纸张规格 厚度为 180 ~ 300g。

双层花瓣钮
包装盒展示

▲ **设计思路** 六边形纸盒的开口设计在斜剖面上，采用传统莲花钮闭合结构，插叠片的造型设计成花瓣的形状，有充足的平面设计空间。

结构特点 仅有一个粘贴处，造型独特、易成型。

注意事项 底部采用插接结构，不宜放重物。

适用范围 食品、纺织品、礼品等。

产品尺寸 高度适用范围为 15～30cm。

纸张规格 厚度为 180～350g。

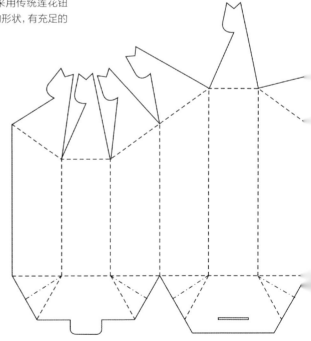

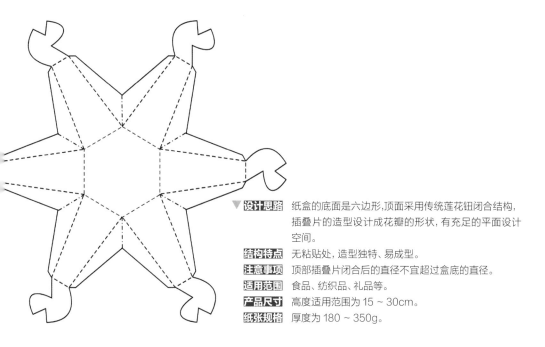

▼ **设计思路** 纸盒的底面是六边形,顶面采用传统莲花钮闭合结构,插叠片的造型设计成花瓣的形状, 有充足的平面设计空间。

结构特点 无粘贴处,造型独特、易成型。

注意事项 顶部插叠片闭合后的直径不宜超过盒底的直径。

适用范围 食品、纺织品、礼品等。

产品尺寸 高度适用范围为 15 ~ 30cm。

纸张规格 厚度为 180 ~ 350g。

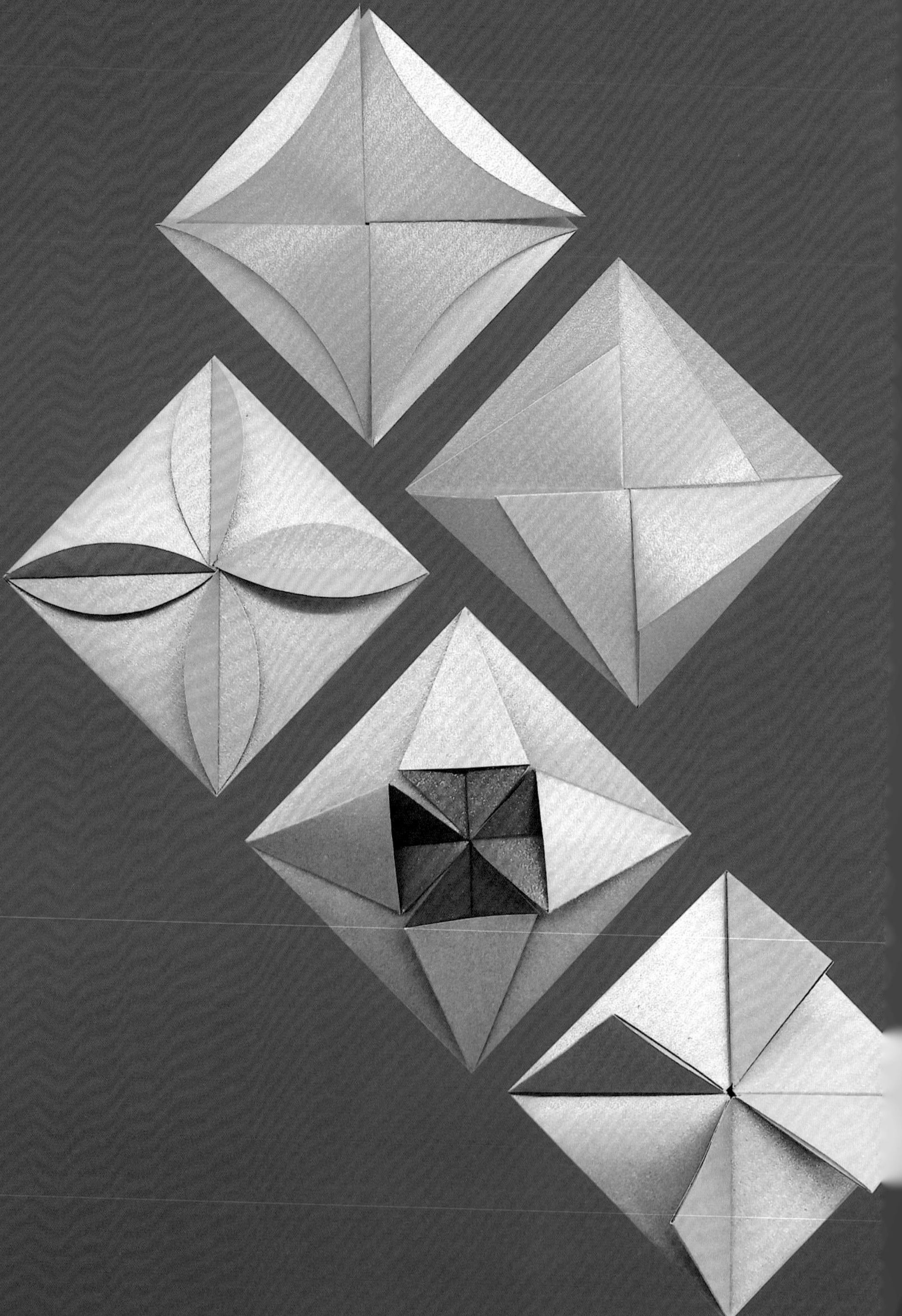

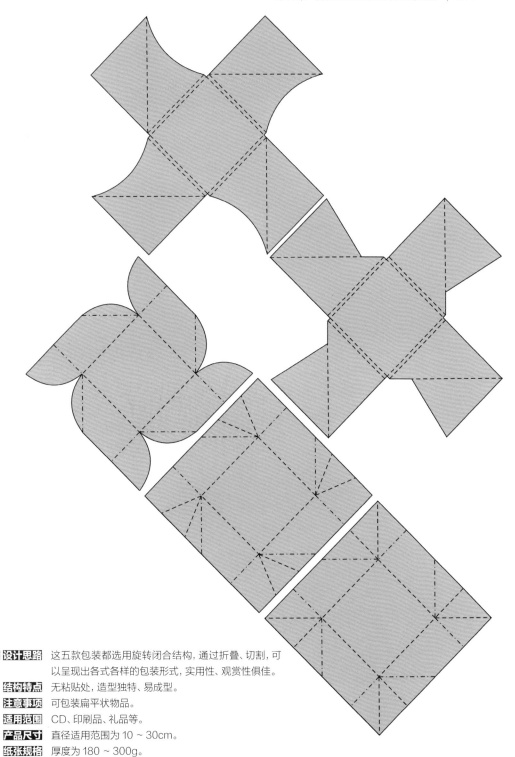

设计思路 这五款包装都选用旋转闭合结构, 通过折叠、切割, 可以呈现出各式各样的包装形式, 实用性、观赏性俱佳。

结构特点 无粘贴处, 造型独特、易成型。

注意事项 可包装扁平状物品。

适用范围 CD、印刷品、礼品等。

产品尺寸 直径适用范围为 10 ~ 30cm。

纸张规格 厚度为 180 ~ 300g。

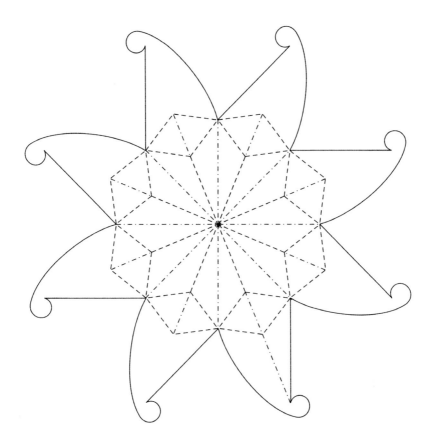

设计思路 采用传统莲花钮闭合结构的八角星形纸盒。纸盒体面经过合理分割,不同部位经过对称的折叠、围绕形成的立体结构形式挺括、简洁,富有秩序的美感,立体效果和视觉观赏性俱佳。

结构特点 无粘贴处,造型独特、易成型。

注意事项 莲花钮的形状可以进行设计改造。

适用范围 食品、纺织品、礼品等。

产品尺寸 直径适用范围为 10 ~ 30cm。

纸张规格 厚度为 180 ~ 350g。

设计思路　采用传统莲花钮闭合结构的八角星形纸盒。纸盒体面经过合理分割,不同部位经过对称的折
　　　　　　叠、围绕形成的立体结构形式挺括、简洁,富有秩序的美感,立体效果和视觉观赏性俱佳。

结构特点　无粘贴处,造型独特、易成型。

注意事项　莲花钮的形状可以进行设计改造。

适用范围　食品、纺织品、礼品等。

产品尺寸　直径适用范围为 10 ~ 30cm。

纸张规格　厚度为 180 ~ 350g。

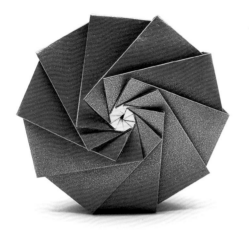

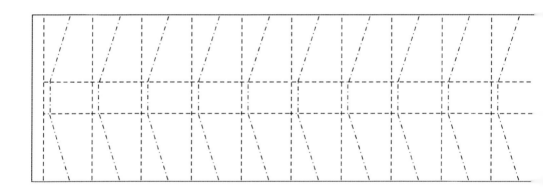

▲ **设计思路** 仅靠折叠即可旋转闭合的十边形纸盒，顶面和底面都选用旋转闭合结构，每个侧面的旋转结构都叠加了一个层次，起到了很好的装饰效果。

结构特点 无粘贴处，造型独特。

注意事项 尺寸设定要精准，卡纸不宜太厚，否则无法完成闭合结构。

适用范围 文具、小饰品、礼品等。

产品尺寸 直径适用范围为 10 ~ 20cm。

纸张规格 厚度为 160 ~ 250g。

多边形
旋转闭合
纸盒展示

▼**设计思路**　仅靠折叠即可旋转闭合的八边形纸盒，两侧都沿弧线旋转闭合，每个侧面的旋转结构都叠加了一个层次，起到了很好的装饰效果。

　结构特点　无粘贴处，造型独特。

　注意事项　尺寸设定要精准，卡纸不宜太厚，否则无法完成闭合结构。

　适用范围　文具、小饰品、礼品等。

　产品尺寸　直径适用范围为 10 ~ 25cm。

　纸张规格　厚度为 160 ~ 250g。

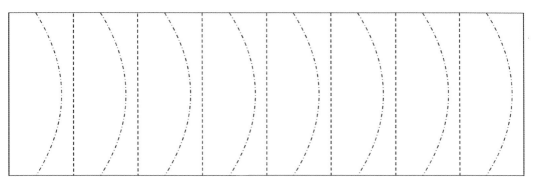

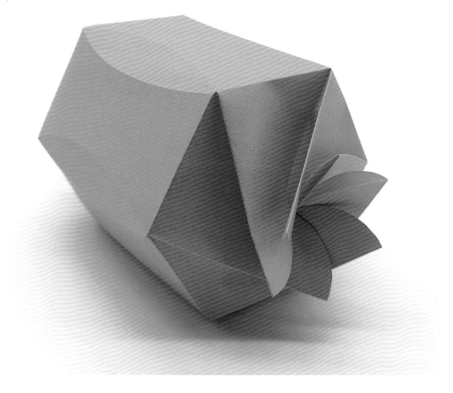

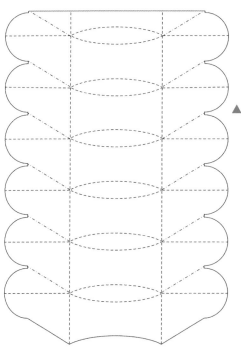

▲ **设计思路** 盒顶和盒底都选择旋转闭合结构，旋转形成花的造型。对于盒体的转折，用对称的弧线塑造出和的体面转折，具有特别的美感，盒体表面有充的平面装饰空间。

结构特点 仅有一个粘贴处，造型独特、使用方便。

注意事项 闭合结构的尺寸设定需精准。

适用范围 食品、文具、纺织品、化妆品、小礼品等。

产品尺寸 高度适用范围为 10～25cm。

纸张规格 厚度为 180～300g。

▼**设计思路** 仅靠折叠即可旋转闭合的五边形纸盒,顶面和底面都选用旋转闭合结构,
每个侧面的旋转结构都叠加了一个层次,起到了很好的装饰效果。

结构特点 无粘贴处,造型独特。

注意事项 尺寸设定要精准,卡纸不宜太厚,否则无法完成闭合结构。

适用范围 印刷品、文具、礼品等。

产品尺寸 直径适用范围为10~20cm。

纸张规格 厚度为160~250g。

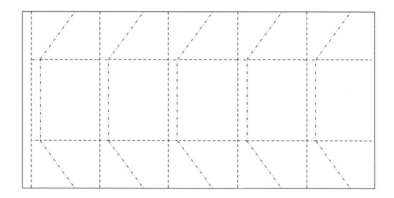

第七节 纸品包装组合形式上的改变

　　设计组合包装时，要注意避免设计工序复杂、组接困难的结构，尽可能提高包装组合的效率。有人喜欢造型复杂的纸盒样式，但造型设计并不需要总是变幻莫测、脱离凡尘，正如日本著名设计师原研哉所言："在平凡的日常生活中，只要有一点小小的变化，就能带来仿佛第一次见到般的新鲜认知。"翻天覆地的变化固然能够带来强烈的冲击，但简洁、质朴的风格，同样可以成就优秀的设计作品。

　　图6-7-1所示的这款纸盒包装是苏州大学的学生作品，这件作品获得了"世界包装之星"中国区金奖。设计核心是将4个独立的抽屉式盒进行结构上的重组，使4个空间相互关联、结合。这个设计简约合理，由独立到整合的过程自然而巧妙；使用过程简单、快捷，为使用者带来清新美好的情绪，提升了包装的意境和想象空间。设计中有时最难抉择的是形式与功能孰先孰后的问题，在纸盒包装的造型设计中，这个问题就转化为形态与构造的问题。优秀的设计应在满足视觉要素的同时注意到产品的安全性及运输、生产、使用的便利性等问题，这样才能实现构造和形态的"双赢"。

图6-7-1 纸盒包装设计作品

　　下面介绍在纸品包装组合形式上改变的示范作品。

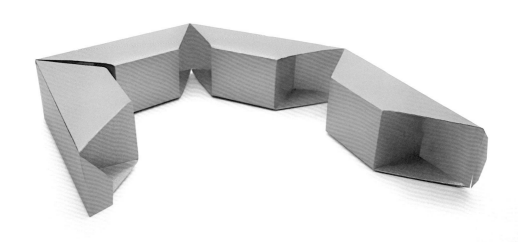

思路	在一张纸上通过划切、折叠、插接，围绕形成回字形纸盒。纸盒内部有 4 个独立空间，可分装系列产品，有充足的平面设计空间。
特点	仅有一个粘贴处，造型简洁、易成型。
事项	插接形式可进行设计延伸。
范围	食品、文具、化妆品、小礼品等。
尺寸	长度适用范围为 12～25cm。
规格	厚度为 180～250g。

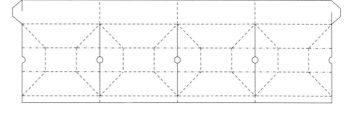

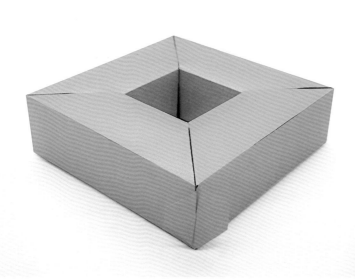

▼ ▶ **设计思路** 在一张纸上通过划切、折叠、插接，将 3 个独立的菱形体纸盒围绕形成六棱体纸盒，
设计巧妙、组接方便，有充足的平面设计空间。

结构特点 仅有一个粘贴处，造型简洁、易成型。

注意事项 插接尺寸需咬合准确，否则会有组接困难。

适用范围 食品、文具、化妆品、小礼品等。

产品尺寸 长度适用范围为 10 ~ 20cm。

纸张规格 厚度为 180 ~ 250g。

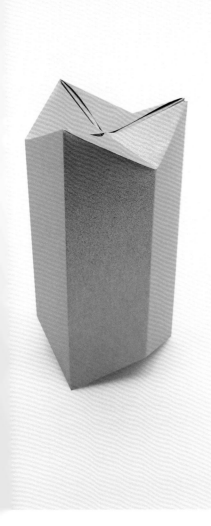

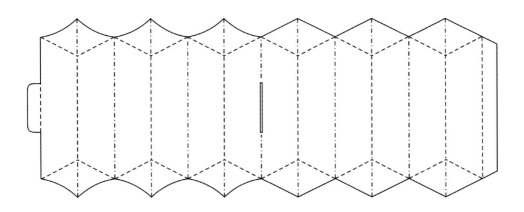

设计思路 在一张纸上通过划切、折叠将 4 个独立的长方体纸盒围绕组合成一体,设计巧妙,组接方便,有充足的平面设计空间。

结构特点 造型简洁、易成型。

注意事项 展示窗的位置要放在组合包装的内侧。

适用范围 食品、文具、化妆品、小礼品等。

产品尺寸 高度适用范围为 8~20cm。

纸张规格 厚度为 180~250g。

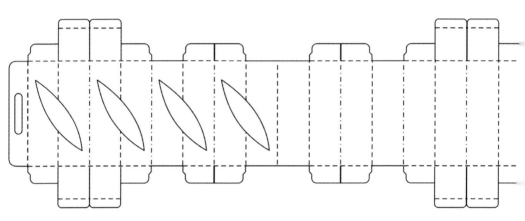

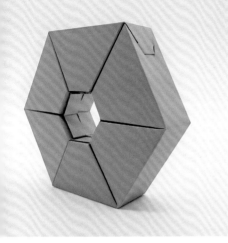

◀▼ 设计思路 在一张纸上通过划切、折叠、插接，将 6 个相互连接但空间独立的梯形盒围绕形成六边环形纸盒。设计巧妙，组接方便，有充足的平面设计空间。

结构特点 无粘贴处，造型简洁、易成型。

注意事项 可增加展示窗。

适用范围 食品、文具、化妆品、小礼品等。

产品尺寸 高度适用范围为 12～30cm。

纸张规格 厚度为 180～300g。

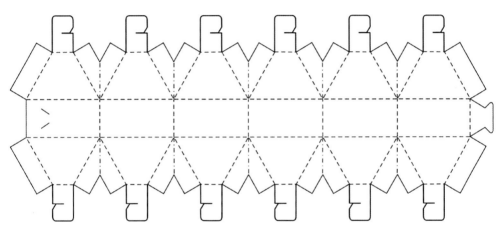

▲ **设计思路**　在一张纸上通过划切、折叠、插接，将 6 个相互连接但空间独立的三角形纸盒围绕形成六边形纸盒。设计巧妙、组接方便，有充足的平面设计空间。

结构特点　无粘贴处，造型简洁、易成型。

注意事项　展示窗内可衬透明塑料膜，防止产品受到污染。

适用范围　食品、文具、化妆品、小礼品等。

产品尺寸　高度适用范围为 12 ~ 30cm。

纸张规格　厚度为 180 ~ 300g。

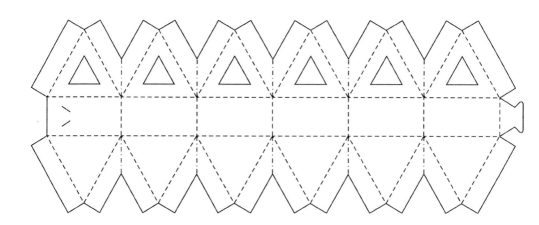

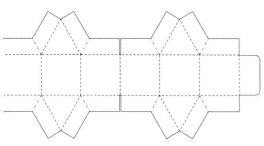

▼ **设计思路** 在一张纸上通过划切、折叠、插接，将两个相互连接但空间独立的三角形纸盒组合形成菱形纸盒。设计巧妙、组接方便，有充足的平面设计空间。

结构特点 结构牢固、无粘贴处，造型简洁、易成型。

注意事项 用纸量大。

适用范围 食品、文具、化妆品、小礼品等。

产品尺寸 高度适用范围为 12～30cm。

纸张规格 厚度为 180～300g。

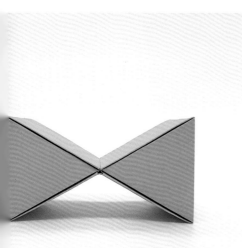

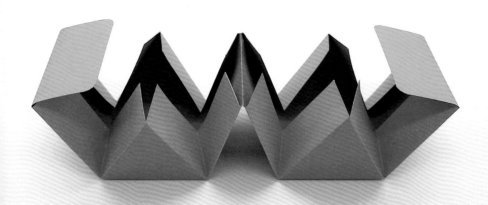

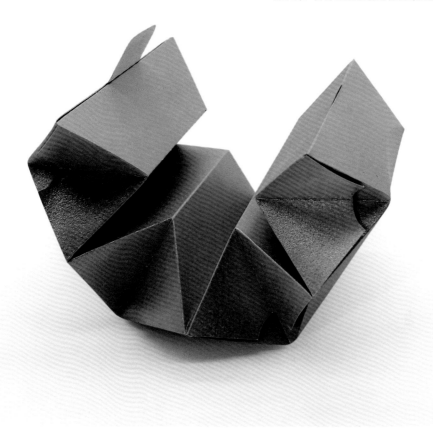

◀▲ **设计思路** 在一张纸上通过划切、折叠、插接，将 4 个独立的长方体纸盒围绕形成八棱体纸盒。设计巧妙、
　　　　　　　组接方便，有充足的平面设计空间。

结构特点 仅有一个粘贴处，造型简洁、易成型。

注意事项 插接尺寸需咬合准确，否则会出现组接困难。

适用范围 食品、文具、化妆品、小礼品等。

产品尺寸 长度适用范围为 10 ～ 20cm。

纸张规格 厚度为 180 ～ 250g。

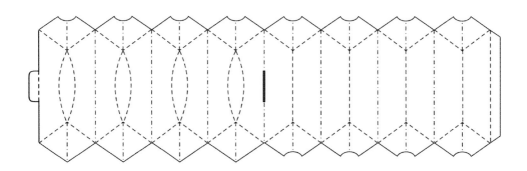

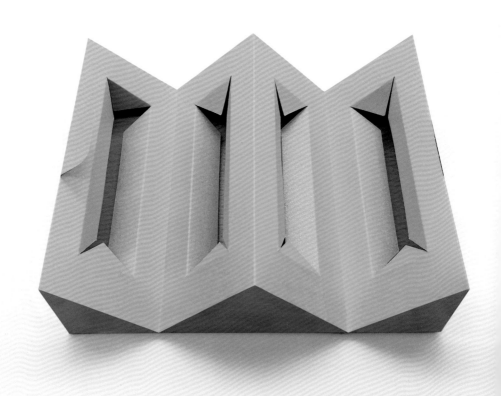

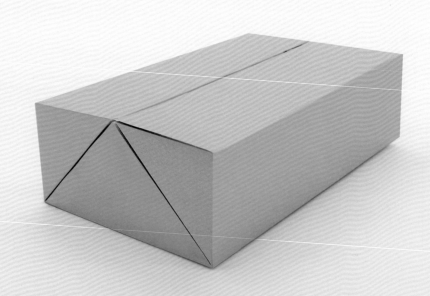

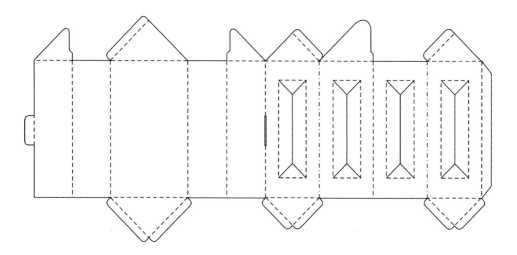

▲▼ **设计思路** 在一张纸上通过划切、折叠、插接形成 3 个相互连接的三棱柱纸盒，再将纸盒围绕组成长方体纸盒。销售时纸盒的展示窗可以面向外侧展示，运输、携带时展示窗在内侧，可防止产品污染。

结构特点 仅有一个粘贴处，造型简洁、易成型。

注意事项 插接形式可改变。

适用范围 食品、文具、化妆品、小礼品等。

产品尺寸 长度适用范围为 12 ~ 25cm。

纸张规格 厚度为 180 ~ 300g。

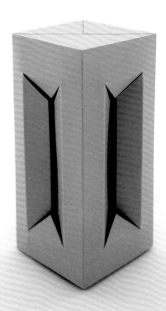

▲▶设计思路 在一张纸上通过划切、折叠、插接，将两个相互连接但空间独立的三角形纸盒组合形成正方体或三棱体纸盒。设计巧妙、组接方便，有充足的平面设计空间。

结构特点 四个粘贴处，造型简洁、易成型。

注意事项 闭合结构的形式可以进行设计改造。

适用范围 食品、文具、化妆品、小礼品等。

产品尺寸 高度适用范围为 10 ~ 30cm。

纸张规格 厚度为 180 ~ 300g。

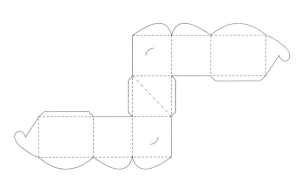

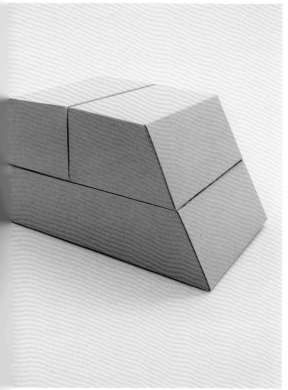

▶▲ **设计思路**　在一张纸上通过划切、折叠、插接,将3个相互连接但空间独立的小纸盒组合形成一个大的梯形纸盒。设计巧妙、组接方便,有充足的平面设计空间。

结构特点　造型整体、设计巧妙。

注意事项　展示窗的造型可以自由发挥。

适用范围　食品、文具、化妆品、礼品等。

产品尺寸　长度适用范围为15~30cm。

纸张规格　厚度为200~300g。

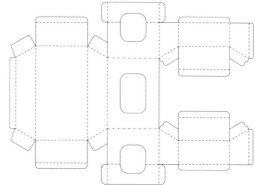

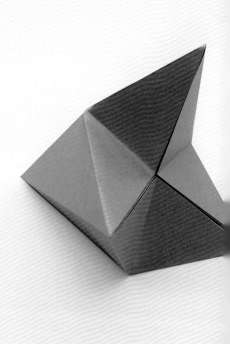
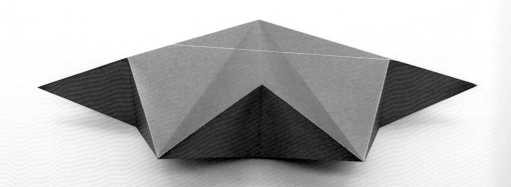

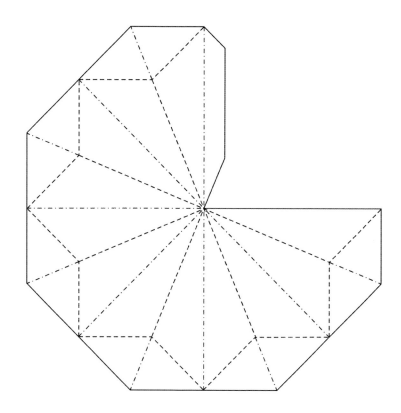

◀ **设计思路** 在一张纸上通过划切、折叠、插接，将 3 个独立的箭头形纸盒围绕形成六棱锥形纸盒。
　　　　　设计巧妙、组接方便，有充足的平面设计空间。

结构特点 仅有一个粘贴处，造型简洁、易成型。

注意事项 可添加六棱锥形的封套用来固定组合后的纸盒。

适用范围 食品、文具、化妆品、礼品等。

产品尺寸 高度适用范围为 10 ~ 30cm。

纸张规格 厚度为 180 ~ 300g。

第八节 拟态纸品包装的结构设计

拟态是指某些动物在进化过程中形成的外表形状或色泽斑纹，同其他生物或非生物异常相似的状态。在昆虫中最为常见，如木叶蝶形状像枯叶，尺蠖像树枝，竹节虫像竹节或树枝等。将拟态运用到纸品包装设计中，它模拟的对象就变成动物、植物或环境中客观存在的物体。自然界里典型的拟态系统由拟态者、模拟对象和受骗者共同组成，包装设计的拟态系统由拟态包装、模拟对象和消费者共同组成，设计的成功与否取决于消费者对包装的认可程度。

拟态包装结构设计作品并非只是做到与模拟对象的外形近似即可，拟态包装要具备模拟对象的核心造型特征，具备超强的识别功能，能够让消费者一眼就判断出包装的模拟对象。另外，拟态包装除了满足包装的基本功能以外，还要对模拟对象的造型进行设计优化，在形式上必须进行提炼、升华，需要经过复杂的艺术加工，不能只是粗糙的复制造型，要使其造型比例更加和谐、悦目，这样可以瞬间提升消费者的好感度，对产品产生兴趣。拟态纸品包装设计应该使用简洁干练的设计风格来表现模拟对象的造型与结构，多余的设计既浮夸又浪费资源，不符合当下节能、环保的主流风尚。结构表达可以概括、提炼、精减，从实际出发，设计出低成本、高品质的结构作品才能满足消费者的精神诉求，从而完美地实现商家利益。

随着消费者审美能力的提升，结构设计上的创新变革也变得越发紧迫。拟态纸品包装的造型可以从圆形、方形、三角形等极为简洁的几何造型出发，再加以局部细节的改造和设计。拟态纸品包装作品若想在销售和使用过程中都让消费者有完美的体验，可以从平面结构、转折结构、闭合结构、粘贴结构、组合结构上进行造型设计，运用切割、折叠、插接、粘贴、组合等诸多工艺手法对包装结构进行设计。拟态纸盒根据模拟对象不同的造型样式，相较于普通包装结构在体面转折的处理上需要进行更多的技术化处理和改造，不能一味简单地用粘贴或打钉的方式应对，可以综合运用折叠、插接、切割等手段进行造型与装饰，来丰富纸盒的立体结构。设计师在设计过程中分寸的拿捏尤为重要，繁杂、不便利、保护性差不可行，简单、便利但不美观亦不可行。繁复程度要刚好能满足人们视觉和情感的需求，工艺技术上可以有效地控制成本，使用起来便利实用，即满足实用性、观赏性的同时在控制成本上找到最佳平衡点。在拟态纸品包装设计中盲目添加不必要的造型元素是毫无意义的，将模拟对象的主要特征进行精炼的艺术表现是核心内容，繁简取舍之间经过细细推敲、反复打磨、去繁就减才能对设计对象的设计核心进行准确的定位和表现。

以下为拟态纸品包装结构设计示范作品。

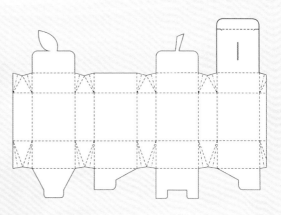

设计思路 对苹果的造型进行概括、提炼，用对称式的切
面围绕形成苹果盒，结构简洁，视觉效果佳。

结构特点 造型独特、易成型。

注意事项 运输时叶片和苹果把的结构可以压平贴附在
盒体表面上运输。

适用范围 食品、文具、纺织品、小礼品等。

产品尺寸 高度适用范围为 8 ~ 30cm。

纸张规格 厚度为 160 ~ 300g。

▼ **设计思路** 对菠萝的造型进行概括、提炼，在菠萝叶子形状的纸片上划出狭缝，与有槽口的菠萝叶形纸片相交叉，形成十字交叉形封口，盒体用对称式的切面围绕形成菠萝形，整体造型具备很强的视觉观赏性。

结构特点 一纸成型，造型生动、易成型。

注意事项 可以压折成平板状运输，到销售现场后立体成型。

适用范围 食品、文具、纺织品、小礼品等。

产品尺寸 高度适用范围为 15 ~ 30cm。

纸张规格 厚度为 200 ~ 300g。

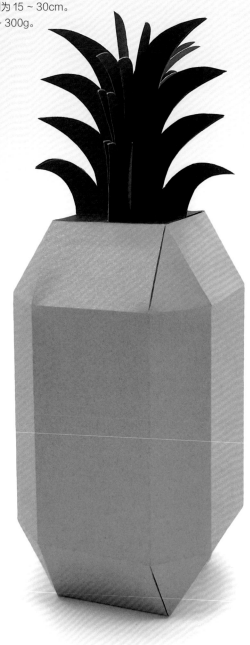

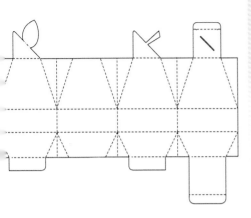

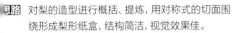

思路 对梨的造型进行概括、提炼,用对称式的切面围绕形成梨形纸盒,结构简洁,视觉效果佳。

特点 造型独特、易成型。

事项 运输时叶片和梨把的结构可以压平贴附在盒体表面上运输。

范围 食品、文具、纺织品、小礼品等。

对 高度适用范围为 8 ~ 30cm。

路 厚度为 160 ~ 300g。

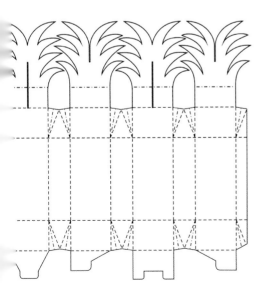

▲ **设计思路** 对柿子的造型进行概括、提炼，用对称式的切面围绕形成纸盒，开口处的闭合结构用叶片造型的纸片旋转叠插构成，有很好的装饰效果。

结构特点 造型独特、易成型。

注意事项 有两种平面制图方式，区别在于粘贴处的数量和叶片面积的大小，可根据需要自行选择。

适用范围 食品、文具、纺织品、小礼品等。

产品尺寸 高度适用范围为 8 ~ 30cm。

纸张规格 厚度为 180 ~ 300g。

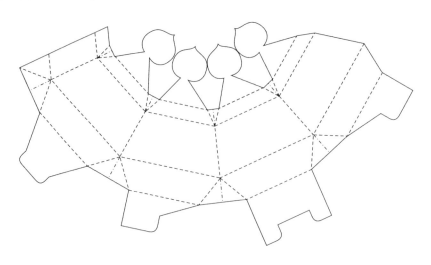

▼ **设计思路** 将香蕉造型进行概括、提炼，纸盒两端采用摇盖结构，视觉效果佳。

结构特点 仅有一个粘贴处，造型简洁、易成型。

注意事项 拟态纸盒要注意整体效果的把握，细节处理不宜繁复、琐碎。

适用范围 食品、文具、小礼品等。

产品尺寸 长度适用范围为 10 ～ 25cm。

纸张规格 厚度为 160 ～ 250g。

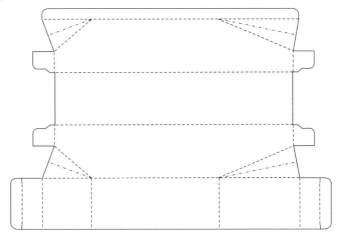

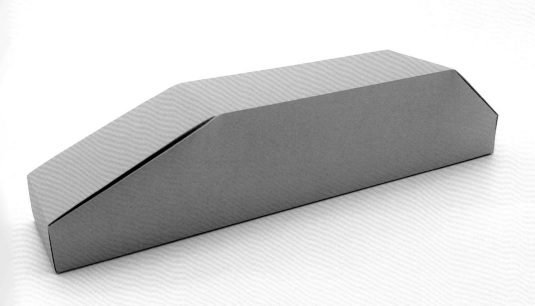

▲ **设计思路** 对草莓的造型进行概括、提炼，用对称式的切面围绕形成纸盒，开口处的闭合结构用叶片造型的纸片旋转叠插构成，有很好的装饰效果。

结构特点 仅有一个粘贴处，造型独特、易成型。

注意事项 底部采用摇盖结构，若盛装的物品较重，可以改成防震底。

适用范围 食品、文具、小礼品等。

产品尺寸 高度适用范围为 8 ~ 20cm。

纸张规格 厚度为 180 ~ 250g。

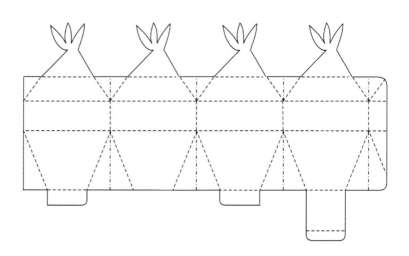

▼**设计思路** 折叠成胡萝卜形状的纸盒,闭合结构的边沿设计成
胡萝卜叶子的形状,一纸成型,构思巧妙,形式感强。

结构特点 仅有两个粘贴处,造型别致、易成型。

注意事项 可压折成平板状运输。

适用范围 食品、文具、化妆品、小礼品等。

产品尺寸 长度适用范围为 15 ~ 30cm。

纸张规格 厚度为 180 ~ 300g。

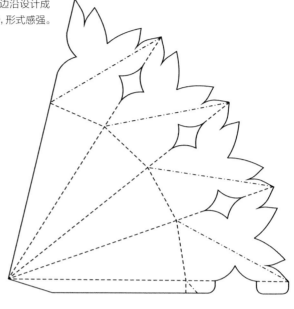

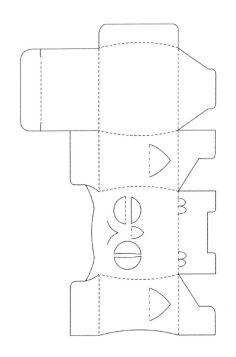

▲▶▶ **设计思路** 在盒面上使用镂空与折叠并用的手法，增加视觉表现力，
使动物形象更加生动，眼部的造型有很大的想象空间。

结构特点 顶部是摇盖盒，底部是插别锁合底，一个粘贴处，
生动、易成型。

注意事项 垂直的棱若选择弧度结构，则弧度一定要左右对称。

适用范围 食品、玩具、文化用品等。

产品尺寸 高度适用范围为 8 ~ 20cm。

纸张规格 厚度为 150 ~ 300g。

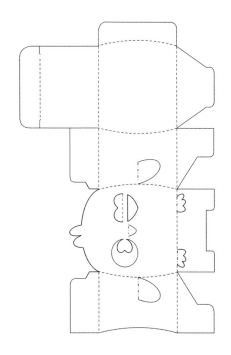

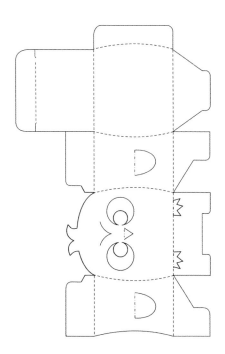

▲ **设计思路** 在平面上运用雕刻、折叠的手法，形成狮子的面部卡通形状。

结构特点 三个粘贴处，造型简洁、易成型。

注意事项 运输时立体结构可贴敷在盒体上，不占用空间。

适用范围 食品、文具、礼品等。

产品尺寸 高度适用范围为 8 ~ 35cm。

纸张规格 厚度为 150 ~ 350g。

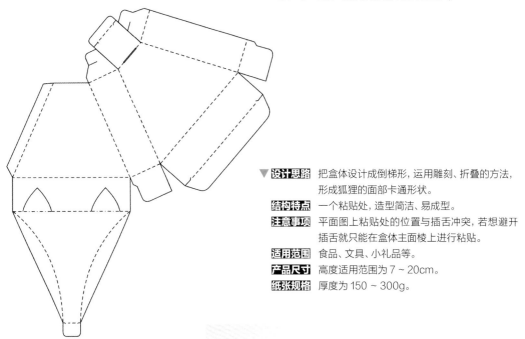

▼ **设计思路** 把盒体设计成倒梯形，运用雕刻、折叠的方法，形成狐狸的面部卡通形状。

结构特点 一个粘贴处，造型简洁、易成型。

注意事项 平面图上粘贴处的位置与插舌冲突，若想避开插舌就只能在盒体主面棱上进行粘贴。

适用范围 食品、文具、小礼品等。

产品尺寸 高度适用范围为 7 ~ 20cm。

纸张规格 厚度为 150 ~ 300g。

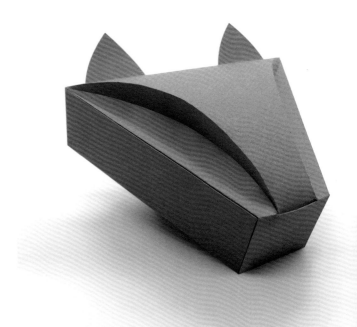

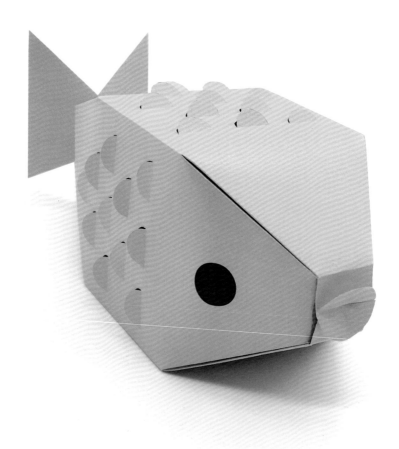

设计思路 这款鱼形盒的造型比较饱满,在包装盒的前、后、顶三面都进行了切割和折叠,掀开切割线将鳞片变立体,鱼嘴的位置采用穿插锁合结构,自然形成唇部的上下结构。

结构特点 一个粘贴处,造型独特、易成型。

注意事项 鱼口部位的穿插锁合结构要把水平方向的锁合结构放在最外层。

适用范围 食品、文具、小礼品等。

产品尺寸 高度适用范围为6~20cm。

纸张规格 厚度为180~350g。

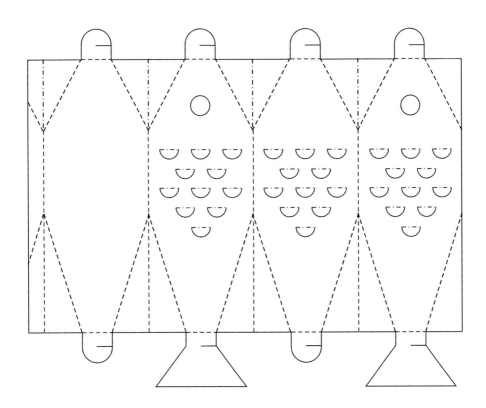

▶ **设计思路** 小乌龟造型的纸盒，沿结构线折叠、切割后即可成型，
乌龟的龟壳部分采用天地盖结构。

结构特点 无粘贴处，富有童趣、立体感强。

注意事项 拟态形纸盒的立体造型要经过概括和提炼，不宜烦琐。

适用范围 食品、文具、小礼品等。

产品尺寸 高度适用范围为 8～20cm。

纸张规格 厚度为 180～300g。

▼ **设计思路** 在倒梯形的盒体上运用雕刻、镂空的方法，形成牛
的面部卡通形状。

结构特点 一个粘贴处，造型简洁、易成型。

注意事项 镂空位置的内部可衬透明塑料膜，以免物品遗落。

适用范围 食品、文具、小礼品等。

产品尺寸 高度适用范围为 8～35cm。

纸张规格 厚度为 150～350g。

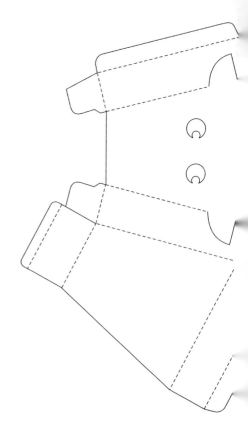

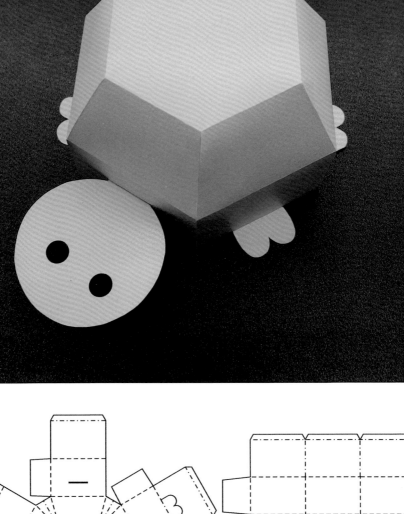

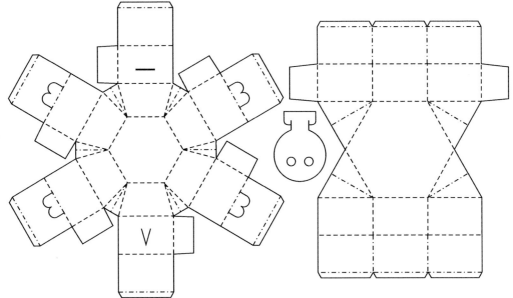

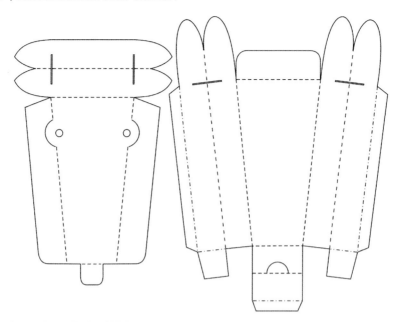

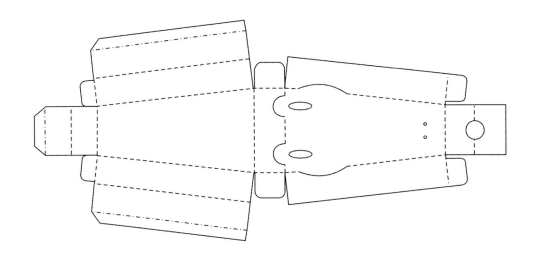

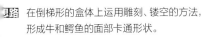
在倒梯形的盒体上运用雕刻、镂空的方法，
形成牛和鳄鱼的面部卡通形状。
造型简洁、易成型。
两款包装盒的正面盒盖都需要嵌入底盒，
因此盒盖的长度和宽度要小于底盒尺寸。
食品、文具、礼品等。
高度适用范围为8～35cm。
厚度为200～350g。

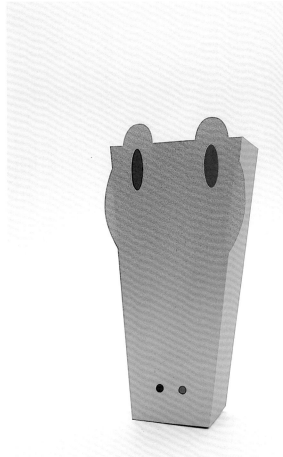

设计思路 在纸上雕刻、折叠、粘贴、穿插形成小猪的造型。运输时耳朵的结构可贴敷在盒体上，不占用空间。

结构特点 有五个粘贴处，造型生动。

注意事项 在动物的面部结构上可进一步改进，丰富细节刻画。

适用范围 食品、文具、礼品等。

产品尺寸 高度适用范围为 6～20cm。

纸张规格 厚度为 180～300g。

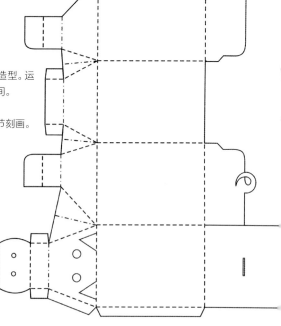

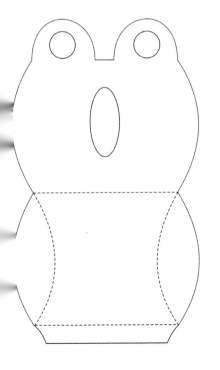

▲ **设计思路** 在平面上进行镂空雕刻, 配合侧面的弧度折叠结构形成拱起的卡通青蛙面部造型。

结构特点 仅有一个粘贴处, 造型简洁、易成型。

注意事项 青蛙口部的椭圆形镂空结构根据包装物品尺度可进行调整, 若用于包装食品也可以衬透明塑料膜, 以免产品受到污染。

适用范围 食品、抽纸巾、文具等。

产品尺寸 高度适用范围为 8～25cm。

纸张规格 厚度为 150～350g。

结 语

　　真正成熟的设计是要经过细细推敲、反复打磨的，只有满足消费者内心需求、彰显产品价值、具备合理功能又拥有形式美感的包装作品，才能获得消费者的关注与认同。合理的结构配合简约、幽默的平面设计，可以形成独特的视觉效果，轻松赢得消费者的青睐。创意是取胜的关键，优秀的设计是干练洒脱的，除去不必要的、累赘的元素，品位和智慧便会自然显现。

　　在产品的运输、存储和销售过程中，包装以运输包装和销售包装两种形式存在，设计师若想推出受到市场认同的包装设计作品需要协调诸多方面的问题，如成本、工艺、实用性、运输便利性等问题。生产商希望有效控制成本，销售商希望产品能大量吸引顾客，消费者在购买时，会关注包装的图文和外形，在使用产品时，会更注重包装的实用性和便利性，来自多方面的需求都是设计师需要面对并合理解决的。

　　设计师必须不断尝试新的材料、新的造型、新的图形语言，不断琢磨消费者的内心需求，选择有效的视觉识别方式来引发消费者的情感回应。通过立体造型设计、平面设计两方面的协同合作，就可以展现出独有的、别致的、体现品牌内涵的、征服消费者的视觉包装形象。合理的、针对性的创意及策划是包装设计成功的关键，设计师要充分研究消费对象，把目的理念导入进去，才能够顺利地把商品信息传达给消费者，赢得消费者的心。希望读者朋友能运用书中总结的设计方法，注入个人的想象力，设计出独具特色的纸品包装结构作品。

参考文献

[1] 爱德华·丹尼森，理查德·考索雷.包装纸型设计.沈慧，刘玉民，译.上海：上海人民美术出版社，2003.

[2] 贾尔斯·卡尔弗.什么是包装设计.吴雪杉，译.北京：中国青年出版社，2006.

[3] 王受之.世界平面设计史.北京：中国青年出版社，2002.

[4] 潘松年.包装工艺学.北京：印刷工业出版社，2011.

[5] 印刷工业出版社编辑部.纸包装设计及生产工艺.北京：文化发展出版社，2011.

[6] 张小艺.纸品包装设计教程.南昌：江西美术出版社，2005.

[7] 陈永常.印刷制版工艺原理.北京：化学工业出版社，2014.